PRIMEROS NÚMEROS

Iniciación a las matemáticas

MARÍA ISABEL GALERA

EDITORIAL TRILLAS
México, Argentina, España,
Colombia, Puerto Rico, Venezuela ®

Catalogación en la fuente

Galera, María Isabel
Primeros números : Iniciación a las matemáticas / María Isabel Galera. --
5a ed. -- México : Trillas, 2023 (reimp. 2026).
199 p. : il. col. ; 21 × 27 cm.
Incluye pegatinas
ISBN 978-607-17-4656-6

1. Matemáticas - Estudio y enseñanza (Preescolar). I. t.

D- 372.72G624p LC- QA139G3.6 T- YPM 4CA 4TC 5AG 1250

trillas
Tienda en línea
www.etrillas.mx

División Administrativa: Av. Río Churubusco 385, col. General Pedro María Anaya, C. P. 03340, Ciudad de México, tels. 5556884233, 5556884007
churttubusco@trillas.mx

División Logística: Calzada de la Viga 1132, col. Apatlaco, C. P. 09439, Ciudad de México, tels. 5556330995, 5556331122
laviga@trillas.mx

Miembro de la Cámara Nacional de la Industria Editorial Mexicana, reg. núm. 158

Cuarta edición TX
ISBN 978-607-17-3274-3
(TO, RS, RT, 3-9-RR)
Quinta edición RI
ISBN 978-607-17-4656-6
(RL, RA)

Reimpresión, marzo 2026

Impreso en México / Printed in Mexico

Esta obra se imprimió el 19 de marzo de 2026,
al cuidado de Editorial Trillas S. A. de C. V.

B 75 TTW

Presentación

La educación del siglo XXI requiere que los niños y las niñas sean capaces no sólo de ejecutar los procedimientos matemáticos convencionales sino que también sean creativos y divergentes en la resolución de problemas provenientes de diversos contextos, ya sea en el ámbito escolar o en la cotidianidad.

Las matemáticas permiten analizar información, situaciones, patrones, etc., para plantear y resolver problemas en diferentes contextos; sin embargo, con la actividad matemática también se pretende desarrollar otras capacidades cognitivas como los razonamientos inductivo, deductivo y analógico.

Los programas de estudio actuales proponen pensar las matemáticas "fuera de la caja"; es decir, fomentar en los alumnos –además del conocimiento lógico– el uso de estrategias *no convencionales* para resolver problemas en diversas situaciones, con la finalidad de que conciban las matemáticas como una construcción social, adquieran una actitud positiva hacia éstas y desarrollen habilidades para plantear y resolver problemas, así como tomar decisiones y enfrentar situaciones que salen de su cotidianidad.

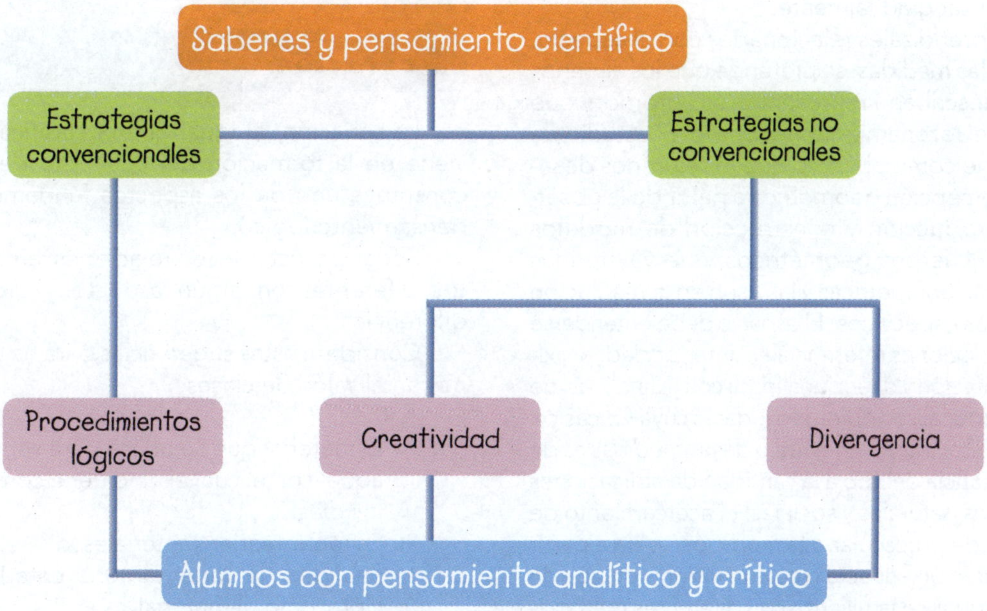

Las experiencias matemáticas planteadas en PRIMEROS NÚMEROS consideran que las niñas y los niños preescolares entran a la escuela con un acervo de experiencias de aprendizaje adquirido en casa, con su familia y en los distintos ambientes sociales en los que se han desenvuelto. El libro ofrece ejercicios, actividades y preguntas de reflexión que toman en cuenta dichos aprendizajes previos (saberes) para relacionarlos e incorporar nuevos conceptos, de modo que resulta una excelente herramienta para el docente en su labor cotidiana.

LA AUTORA

Introducción

Primeros números se enfoca en una formación integral, ya que involucra el aprendizaje del contenido, la actitud ante el conocimiento y la aptitud o destreza para ejercitarlo y generalizarlo a otras áreas de aplicación, como las ciencias naturales.

Para el desarrollo del pensamiento matemático, el programa de estudio actual considera varios contenidos que se exponen, junto con los procesos de desarollo de aprendizaje (PDA), en el cuadro de la página 7.

De acuerdo con las posibilidades cognitivas de los alumnos de preescolar, en los contenidos de **saberes numéricos**, el conteo debe acotarse a series de menos de 10 elementos, la representación simbólica convencional de los números del 1 al 10; en el planteamiento de problemas, los datos no deben exceder 10 elementos para que el alumno pueda resolverlo a partir de representaciones gráficas o colecciones; y, por último, la numeración escrita puede comenzar del 1 al 30 y avanzar gradualmente.

En los aprendizajes relacionados con el **espacio**, las **formas** y las **medidas**, se pretende que los alumnos aprendan, describan y representen su entorno; y que desarrollen el razonamiento deductivo. El estudio de la *forma* tiene como objetivo que los alumnos desarrollen su percepción geométrica a partir de la observación, reproducción y construcción de modelos de figuras y cuerpos geométricos; que valoren las características geométricas y las usen en la resolución de problemas específicos. El *espacio* debe entenderse a partir de relaciones referenciales (interioridad, proximidad, orientación y direccionalidad) con la finalidad de que los niños localicen objetos o lugares cuya ubicación desconocen. Por último, el estudio de las *medidas* es de suma importancia debido a la cantidad de aplicaciones en las ciencias naturales y sociales; el acercamiento de los alumnos de preescolar a la medición se da a partir de la comparación –directa o con un intermediario– de objetos, después se familiariza con diferentes métodos para medir y, finalmente, aprende a calcular la medida.

Con la clasificación y el análisis de datos, los alumnos adquieren conocimientos y habilidades de estadística y probabilidad. A nivel preescolar, el alumno debe aprender a recabar datos a partir de preguntas sencillas, para después emplear e interpretar representaciones gráficas, analizarlas y, finalmente, responder la pregunta original, así como analizar otros elementos que surgen del procedimiento.

El docente debe tener en cuenta que, para llegar al conocimiento del número, primero se debe ubicar a los alumnos en el espacio a partir de conceptos como: arriba-abajo, adelante-atrás, izquierda-derecha. Por lo cual se recomienda trabajar estos conceptos de manera concreta con diversos materiales, de preferencia los que usan los niños de manera cotidiana (lápices, crayones, cuadernos, zapatos, bolitas de papel, caramelos e incluso ellos mismos), ya que así entenderán mejor las relaciones.

Clasificación

La clasificación es una operación lógica fundamental en el desarrollo del pensamiento. En términos generales, clasificar consiste en "juntar" por semejanzas y "separar" por diferencias.

Si la clasificación es una operación lógica que además interviene en la construcción del número, sería conveniente que, a veces, el criterio clasificatorio sea establecido por el niño para que pueda construir y asimilar los conceptos matemáticos.

Seriación

La seriación, al igual que la clasificación, interviene en la formación del concepto de número y constituye uno de los aspectos fundamentales del pensamiento lógico.

Seriar es establecer relaciones entre elementos diferentes en algún aspecto y ordenar esas diferencias.

Considere estas sugerencias para hacer seriaciones en el salón de clases:

1. El material que se utilice para seriar debe ser aquel con el cual el niño tiene contacto todos los días.
2. Se debe seriar materiales diferentes con la finalidad de variar tanto el criterio de seriación como el material.
3. Puede proponerse que la seriación se haga en sentido creciente o decreciente.

Número

Después de que los alumnos se han familiarizado con conceptos espaciales y han realizado ejercicios de clasificación y seriación, iniciaremos la representación gráfica del número.

Toda representación gráfica implica dos términos: significado y significante. Significado es el concepto o la idea que tenemos sobre algo; significante es la forma de expresar dicha idea de manera gráfica. Para que la representación gráfica sea tal, es necesario que los alumnos relacionen significado y significante. En el caso del número, el concepto que tenemos de tres es el significado, y el numeral 3 es el significante (recuerde que a la representación gráfica de los números le llamamos *numeral* y no debemos enseñarlos independientes del significado, pues los alumnos construyen el significante a partir del significado).

Nunca debemos enseñar los numerales de forma independiente del significado, pues los alumnos construyen un significado para elaborar luego el significante.

Geometría

El conocimiento de la geometría puede darse a partir del material de uso cotidiano (desde los materiales que hay en el aula y en el hogar, hasta la observación del ambiente que nos rodea) para relacionarlo con el vocabulario geométrico y con las características de líneas, figuras y cuerpos.

Primeros números promueve el ***aprendizaje colaborativo*** para que la clase se transforme en un foro abierto al diálogo entre alumnos, y entre la educadora y los alumnos, en el cual las actividades están estructuradas de manera que los alumnos participan de manera activa y se explican entre ellos lo que aprenden.

En el aprendizaje colaborativo, los elementos que siempre deben estar presentes son los siguientes:

- Cooperación: Los alumnos se apoyan entre ellos para conseguir ser expertos en el conocimiento del contenido, además de desarrollar habilidades de trabajo en equipo. Comparten metas, recursos y logros.
- Responsabilidad: Los alumnos son responsables de manera individual de la parte de la tarea que les corresponde. Al mismo tiempo, todos en el equipo deben comprender las tareas de cada compañero.
- Comunicación: Los miembros del equipo intercambian información y materiales, se ayudan de manera mutua, y analizan las conclusiones y reflexiones de cada uno para lograr pensamientos y resultados de mayor calidad.
- Trabajo en equipo: Los alumnos aprenden a resolver los problemas juntos, con lo cual desarrollarán habilidades de comunicación, confianza, toma de decisiones y solución de conflictos. Además, de valores como el respeto, la tolerancia y la colaboración.
- Autoevalución: En el trabajo por equipos, los alumnos evalúan cuáles acciones han sido útiles y cuáles no. Establecen metas y evalúan de manera periódica sus actividades e identifican los cambios que deben realizar para mejorar su trabajo en el futuro.

Cómo usar este libro

Al inicio de la obra, la educadora encontrará el mapa curricular y las evaluaciones diagnósticas, los cuales son recursos indispensables para la planeación didáctica.

Cada sección comienza con los propósitos de aprendizaje, las sugerencias didácticas y las habilidades generales, información útil en el proceso enseñanza-aprendizaje sobre temas específicos.

Antes de comenzar las actividades, la educadora hallará una situación didáctica, con ella le será posible recuperar saberes y conocimientos de los alumnos e iniciar la adquisición de nuevos aprendizajes a partir del pensamiento crítico: indagación, argumentación, análisis y socialización de hallazgos e hipótesis.

A cada actividad le corresponde un proceso de desarrollo de aprendizaje que se evalúa al pie de la página, por lo que es posible llevar un registro puntual del avance de cada alumno. Para vaciar los resultados, aparece un cuadro al inicio de cada sección. Los indicadores de logro que se utilizan son los siguientes: (A), que significa "adquirido" y NA, "necesita apoyo". La educadora señalará la opción que corresponda.

Para que puedan integrarse al portafolio de evidencias, las evaluaciones diagnósticas y los cuadros de evaluación de los procesos de desarrollo de aprendizaje son desprendibles. Además, en la parte inferior de las páginas, es posible encontrar sugerencias que enriquecen las actividades.

En el caso de las situaciones didácticas, también se hallan reflexiones sobre el eje articulador vida saludable. El uso de pegatinas y recortables favorece el desarrollo motriz fino, por ello, se incluyeron ambos recursos al final de este material.

Los iconos señalan...

Sugerencias didácticas y recomendaciones para las educadoras.

Proceso de desarrollo de aprendizaje que el niño va construyendo a partir de la experiencia matemática propuesta.

Eje articulador vida saludable.

Índice

Contenidos y procesos de desarrollo de aprendizaje

Contenido	Los saberes numéricos como herramienta para resolver situaciones del entorno, en diversos contextos socioculturales.
Procesos de desarrollo de aprendizaje	Cuenta objetos y elementos de su entorno en su lengua materna, de forma oral y escrita, a la vez que amplía gradualmente su rango de conteo.
	Construye colecciones y las compara mediante distintas estrategias para determinar cuál tiene más, menos o igual cantidad de elementos.
	Representa la cantidad de elementos en colecciones con dibujos, símbolos personales y numerales e interpreta los registros de sus pares.
	Ordena elementos de una serie y usa números ordinales para expresar el lugar que ocupa cada elemento.
	Propone formas de resolver situaciones cotidianas e imaginarias que involucran acciones de juntar, agregar, separar, quitar, igualar y repartir elementos de dos o más colecciones.
	Intercambia con sus pares saberes numéricos para plantear problemas y encontrar distintas estrategias de resolución, mediante formas diversas y equitativas.

Contenido	Desplazamientos y recorridos en diferentes lugares de su comunidad que implican el reconocimiento de las formas y el dominio del espacio, a partir de distintos puntos de observación.
Procesos de desarrollo de aprendizaje	Expresa, con referentes personajes y en su lengua materna, la posición y ubicación de objetos, lugares y personas con respecto a su cuerpo y a otros objetos.
	Observa y reconoce atributos geométricos regulares e irregulares en objetos y elementos de su entorno, los describe y paulatinamente aprende los términos convencionales.

Contenido	Magnitudes de longitud, peso, capacidad y tiempo en situaciones cotidianas del hogar y del entorno sociocultural.
Procesos de desarrollo de aprendizaje	Estima y compara el tamaño de dos o más objetos y expresa con sus palabras cuál es más grande, más pequeño o si son iguales. Contrasta sus ideas con las de sus pares y las representa.
	Estima y compara la longitud de dos o más objetos con apoyo de un intermediario, y expresa con sus palabras cuál es más largo o ancho, más corto o angosto o si son iguales. Contrasta sus ideas con las de sus pares y las representa.
	Mide objetos, áreas o distancias con unidades no convencionales que tiene al alcance y explica porque son apropiadas; las representa de manera gráfica.
	Usa balanzas o básculas para comparar el peso de dos o más objetos.
	Trasvasa arena o líquidos entre recipientes de distintos tamaños y formas para medir su capacidad y expresa en cuál cabe más o menos.
	Percibe el tiempo mediante eventos y procesos con apoyo de la observación de cambios en la naturaleza, como el día y la noche y las estaciones del año, o cualquier suceso importante de la comunidad.
	Hace uso de instrumentos cotidianos que miden el paso del tiempo en su comunidad, como calendario, relojes de arena, solares, digitales y análogos.

Contenido	Clasificación y experimentación con objetos y elementos del entorno que reflejan la diversidad natural, cultural y artística de la comunidad o región.
Procesos de desarrollo de aprendizaje	Dialoga con sus pares para definir criterios de clasificación de objetos y elementos del entorno natural y sociocultural que respondan a distintos propósitos.
	Elabora e interpreta registros para organizar objetos y elementos del entorno mediante dibujos, tablas, símbolos o pictogramas; los explica a otras personas en su lengua materna y con sus palabras.

A = Adquirido NA = Necesita apoyo

EVALUACIONES DIAGNÓSTICAS

Dibuja 2 patas al pato, 4 patas al borrego, 6 patas a la mariposa y 8 patas a la araña. Después, coloréalos.

Circula el animal que tiene más patas.

Circula el animal que tiene menos patas.

Dibuja tu animal favorito y escribe cuántas patas tiene.

Número de patas

Cuenta el número de burbujas que tiene cada pez y escríbelo.

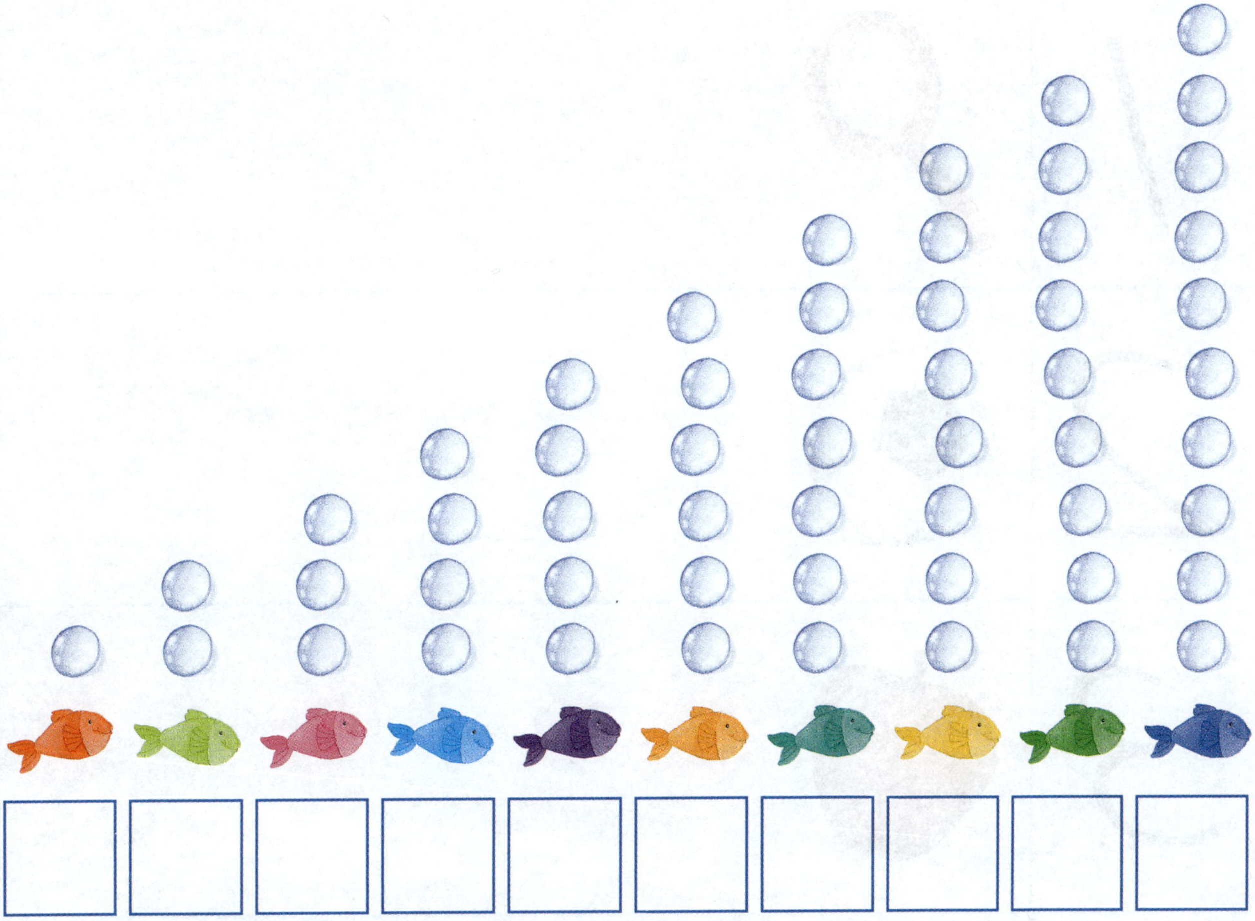

Pinta el pez del color que se indica.

El pez que tiene más burbujas es de color: 

El pez que tiene menos burbujas es de color: 

Usa los primeros 10 números con distintos propósitos, en distintas situaciones cotidianas, de manera oral y escrita, que reflejan los saberes de su comunidad. A NA

Dibuja la cantidad de objetos que indica cada número.

1 

2 

3 

4 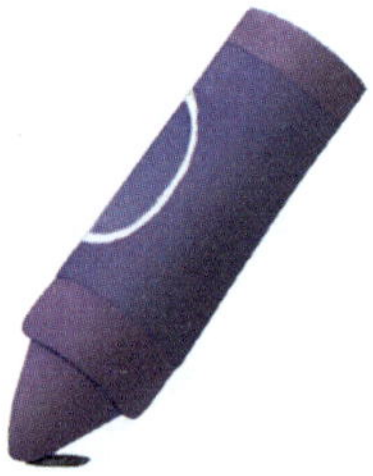

5 

Construye y compara colecciones y las representa con dibujos o símbolos personales. A NA

Colorea de verde los peces grandes y de azul los pequeños.

¿Cuántos peces grandes nadan hacia la derecha?

¿Cuántos peces grandes nadan hacia la izquierda?

Ubica, a partir de puntos de referencia personales, personas y elementos de su comunidad. A NA

Colorea como se te indica.

Colorea la respuesta correcta.

¿Qué figura tiene 3 lados?

¿Qué figura no tiene lados rectos?

¿Qué figura tiene 4 lados rectos?

Crea, identifica o reproduce formas y composiciones geométricas con materiales de arte y construcción.

A NA

Desprende las pegatinas y pega las figuras geométricas para construir un paisaje como este.

Crea formas y composiciones geométricas con materiales de arte y construcción. A NA

Observa el camino que recorrió la rana en la cuadrícula.

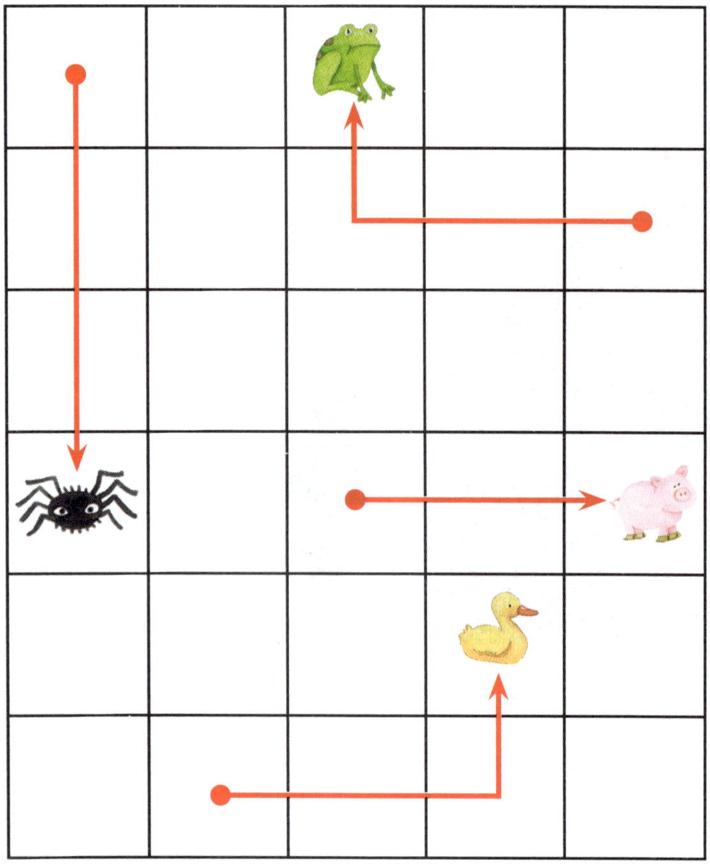

La  recorrió 2 cuadros a la izquierda y 1 hacia arriba.

Observa dónde estaban los animales y contesta hacia dónde se desplazaron.

El  caminó __________ cuadros hacia ______________________.

La  se deslizó __________ cuadros hacia ______________________.

El  nadó __________ cuadros hacia ______________________ y uno hacia ______________________.

Mide o compara distancias mediante el uso de unidades no convencionales. A NA

Une cada dibujo del ciclo productivo de la miel con el número que le corresponde.

1 Las abejas toman el polen de las flores.

2 En la colmena, fabrican la miel dentro de los panales.

3 El apicultor recoge la miel de los panales.

4 La miel llega a la fábrica donde es envasada.

5 ¡Ya está lista para comer!

Organiza actividades que surgen de su entorno cultural, estableciendo una secuencia en su duración al llevarlas a cabo. A NA

Cuenta los elementos y escribe cuántos hay en cada casilla.

¿De cuál hay más?

____

¿De cuál hay menos?

____

Elabora e interpreta registros para organizar objetos y elementos del entorno mediante dibujos, tablas, símbolos o pictogramas. A NA

Ubicación en el espacio

Propósito

En esta sección, el alumno reconocerá algunas propiedades físicas de los objetos y seres con los que interactúa; distinguirá las diversas propiedades de los objetos; realizará actividades de distribución y medición (altura, longitud, etc.); descubrirá semejanzas y diferencias entre los seres y los objetos, en función de sus características; manejará los términos *todos-algunos* en relación con objetos y seres, según sus cualidades; comparará y medirá objetos a partir de una unidad de peso y de longitud.

Sugerencias didácticas para el docente

Arriba, abajo, en medio

En el salón, puede señalar objetos y pedirles a los niños que digan si están arriba o abajo. Por ejemplo: techo, arriba; piso, abajo. Para enseñar la noción de *en medio*, se puede usar un estante o un librero, y señalar algo que esté en medio, en relación con lo que está arriba y lo que está abajo.

Adelante-atrás

Forme a los niños en dos filas: el que está adelante tiene que adivinar quién está atrás de él. Haga hincapié en el concepto y dé pistas para que adivine. Por ejemplo: "Raúl, ¿quién está atrás de ti? Su nombre empieza con M, es delgado, alto y se sienta en tu mesa". Repita este juego con varias parejas.

Adentro-afuera

Ponga una caja en el centro del salón y acomode a los niños alrededor de la caja. Vende los ojos de un niño con un pañuelo y haga que gire dos veces sobre sí mismo; entréguele un objeto (puede ser un juguete). El niño tiene que tratar de ponerlo adentro de la caja. Los demás le dirán si lo puso adentro o afuera.

Grande-pequeño

Los niños pueden reunir objetos grandes y pequeños. Coloque en el escritorio una caja con una G (de grande) y otra con una P (de pequeño). Cada niño tomará uno de los objetos y decidirá si es grande o pequeño y lo depositará en la caja correspondiente. Con este juego, además de reafirmar los conceptos grande y pequeño, realizan una actividad de distribución, uno de los objetivos de esta sección.

Alto-bajo

Dibuje en una cartulina un gusanito medidor o una jirafa y péguela en la pared. Pase a cada niño y mida su estatura. Ponga el nombre del niño y que él haga una marca especial, pues aún no sabe escribir. Por ejemplo: si Raúl escogió un pollo como su marca personal, trace la raya y que el niño dibuje o pegue un pollo.

Después de haber medido a tres o cuatro niños, ellos dirán quién es más alto y quién, más bajo. Con este ejercicio, además de reafirmar los conceptos alto-bajo, realizarán actividades de medición por comparación. También pueden medir y comparar otros objetos: botellas de plástico, envases de cartón, etcétera.

Largo-corto

Forme a los niños en fila para jugar al tren. O haga filas cortas y largas; las filas cortas irán a una ciudad y las largas, a otra distinta. Ellos dirán cuál es más larga o más corta.

También pueden cortar hilos y acomodarlos según su longitud, así efectuarán mediciones por longitud.

Cerca-lejos

Por parejas, cada niño lanzará en el patio una pelota o un avión de papel y usará una marca o un objeto como meta. Los demás marcarán hasta dónde llegó cada objeto y determinarán quién lanzó el objeto más lejos o más cerca de la meta.

Otro juego didáctico consiste en colocar a un niño cerca de otro y preguntar: "¿Juanito está lejos o cerca de ti?". Luego, aléjelos y repita la pregunta.

Muchos, pocos, nada

Muestre al grupo una bolsa de caramelos y pida a un niño que pase al frente para que tome muchos y, después, pocos.

Lleno-vacío

Que construyan un tren con cajas de zapatos y escriban el número 0 en dos o tres cajas. Los niños tendrán que llenar los vagones que no tienen cero con objetos y luego indicarán cuáles están llenos o vacíos. A los vacíos se les llamará *cero*, que es cuando no hay nada. Este ejercicio los prepara para comprender el numeral 0: lo que está vacío tiene 0 elementos.

Ligero-pesado

Se puede pesar objetos en una balanza o dándole al niño dos objetos cuya diferencia de peso sea obvia; por ejemplo, un libro y un sobre. El niño dirá cuál pesa más.

Clasificación por color

Para este tema, además de señalar objetos en el salón, sugerimos jugar a la vieja Inés: a algunos niños entrégueles un listón y dígales que les corresponde el mismo color del listón; uno de los niños será la vieja Inés y tocará la puerta: "¡Tan tan!"; "¿quién es?"; "la vieja Inés"; "¿qué quería?"; "un listón"; "¿de qué color?"; "azul". El niño que tenga el listón azul saldrá corriendo y la "vieja Inés" tiene que atraparlo.

Clasificación por tamaño

Muéstreles objetos semejantes en tamaño (dos de ellos deben tener las mismas dimensiones). Pídales que identifiquen los que son iguales. Si aciertan, entrégueles un premio como estímulo.

Clasificación por forma

Muestre un cuadrado dibujado en una cartulina y señale una ventana, un banco y un árbol. El niño tendrá que determinar cuál es el objeto cuya forma es igual a la figura de la cartulina. Por ejemplo: la ventana tiene forma de cuadrado, el reloj tiene forma de círculo.

Habilidades generales	Psicomotricidad gruesa y fina, discriminar, analizar, observar, percepción visual, expresión oral, escucha y comprensión, desarrollo de la lateralidad, clasificación, comparación, entre otras.

Evaluación de procesos de desarrollo de aprendizaje

Contenido	Los saberes numéricos como herramienta para resolver situaciones del entorno, en diversos contextos socioculturales.
Proceso de desarrollo de aprendizaje	Construye colecciones y las compara mediante distintas estrategias para determinar cuál tiene más o menos elementos.
Páginas	32 A NA · 33 A NA
¿Cómo puede mejorar?	

Contenido	El dominio del espacio y reconocimiento de formas en el entorno desde diversos puntos de observación y mediante desplazamientos o recorridos.
Proceso de desarrollo de aprendizaje	Expresa la posición y ubicación de objetos, lugares y personas con respecto a su cuerpo y a otros objetos; usa gradualmente referentes convencionales.
Páginas	20 A NA · 22 A NA · 23 A NA · 24 A NA · 25 A NA
¿Cómo puede mejorar?	
Proceso de desarrollo de aprendizaje	Observa y reconoce atributos geométricos en objetos y elementos de su entorno, y los describe con sus palabras y con términos convencionales.
Páginas	38 A NA · 39 A NA · 40 A NA · 43 A NA · 44 A NA
¿Cómo puede mejorar?	

Contenido	Las magnitudes de longitud, peso, capacidad y tiempo en situaciones cotidianas del hogar y del entorno sociocultural.
Proceso de desarrollo de aprendizaje	Estima y compara la longitud de dos o más objetos con apoyo de un intermediario, y expresa cuál es más largo, más corto, más ancho, más angosto o si son iguales; contrasta sus ideas y las representa de manera gráfica.
Páginas	26 A NA · 27 A NA · 28 A NA · 29 A NA · 30 A NA · 41 A NA · 42 A NA
¿Cómo puede mejorar?	
Proceso de desarrollo de aprendizaje	Mide objetos, áreas o distancias con unidades no convencionales que tiene al alcance y explica por qué son apropiadas; las representa de manera gráfica.
Páginas	31 A NA
¿Cómo puede mejorar?	
Proceso de desarrollo de aprendizaje	Trasvasa arena o líquidos entre recipientes de distintos tamaños y formas para medir su capacidad, y expresa en cuál cabe más o menos.
Páginas	34 A NA · 37 A NA
¿Cómo puede mejorar?	
Proceso de desarrollo de aprendizaje	Usa balanzas o básculas para comparar el peso de dos o más objetos.
Páginas	35 A NA · 36 A NA
¿Cómo puede mejorar?	

Contenido	Clasificación y experimentación con objetos y elementos del entorno que reflejan la diversidad de la comunidad o región.
Proceso de desarrollo de aprendizaje	Elabora e interpreta registros para organizar objetos y elementos del entorno mediante dibujos, tablas, símbolos o pictogramas; los explica a otras personas en su lengua materna y con sus palabras.
Páginas	21 A NA
¿Cómo puede mejorar?	

Situación didáctica

El planteamiento de una situación siempre debe indicar lo que hay que aprender y motivar las acciones de aprendizaje. Por tanto, toda pregunta debe contener los elementos esenciales de una **situación**: el objetivo del aprendizaje y las actividades (saber) que hay que realizar para responder a la pregunta. Así, una serie de preguntas bien planteadas constituyen un proyecto completo para iniciar el aprendizaje de cualquier tema, a la vez que detonan imaginación, análisis, reflexión, descubrimiento y otras formas de razonamiento.

Pida a los alumnos que observen y describan la ilustración. Después comenten:

- ¿Qué está haciendo el niño?
- ¿Qué dulces están en la parte de arriba del mueble?
- ¿Qué hay a la derecha del niño? ¿Y a la izquierda?
- ¿Qué dulces están en medio del mueble?
- ¿Qué hay atrás del niño?
- ¿Qué recipiente está vacío?
- ¿Cuál de los envases tiene pocos dulces? ¿Cuál tiene muchos?
- ¿Qué pastel es más grande?
- ¿Qué pastel es más pequeño?

NOTA PARA EL DOCENTE: Propicie que los alumnos utilicen los conceptos grande-pequeño, adelante-atrás, izquierda-derecha, lleno-vacío, mucho-poco-nada, arriba-abajo, largo-corto.

Hablen sobre alimentos para una dieta saludable. Aproveche las páginas 22, 34 y 35 para continuar con la reflexión.

Expresa la posición y ubicación de objetos, lugares y personas con respecto a su cuerpo y a otros objetos; usa gradualmente referentes convencionales. A NA

Gráfica

Colorea en la gráfica la cantidad de dulces que hay en la dulcería.

Elabora e interpreta registros para organizar objetos y elementos del entorno mediante dibujos, tablas, símbolos o pictogramas; los explica a otras personas en su lengua materna y con sus palabras. A NA

Arriba-abajo-en medio

¿Qué están haciendo los niños? Circula el que está arriba, pon un ✗ en los de en medio, y una ✓ a los que están abajo. Comenta cómo lo supiste.

Practiquen juegos que les permitan a los niños reforzar las siguientes nociones: *arriba, en medio, abajo.*

Expresa la posición y ubicación de objetos, lugares y personas con respecto a su cuerpo y a otros objetos; usa gradualmente referentes convencionales. A NA

Adelante–atrás

Describe lo que hay en el cuarto de Carlitos. Después, colorea la pelota que está adelante de la silla y lo que está atrás del oso. Dibuja lo que más te guste de tu propio cuarto adelante de la cama.

Que jueguen a ponerse *adelante* y *atrás* de árboles, juguetes y otros compañeros.

Expresa la posición y ubicación de objetos, lugares y personas con respecto a su cuerpo y a otros objetos; usa gradualmente referentes convencionales. A NA

Dentro–fuera

Comenta con tus compañeros quién vive en la pecera. Después, desprende las pegatinas y pega el pez dentro de la pecera, y el gato, fuera.

Que armen la cajita de la página 199 y coloquen diversos objetos dentro y fuera de ella.

Expresa la posición y ubicación de objetos, lugares y personas con respecto a su cuerpo y a otros objetos; usa gradualmente referentes convencionales. A NA

Izquierda–derecha

¿De qué lado está el tenis? ¿Y la bota? Recorta los dibujos de la página 197, y pega la manzana y el dado del lado derecho; y del izquierdo, pega el libro y el helado.

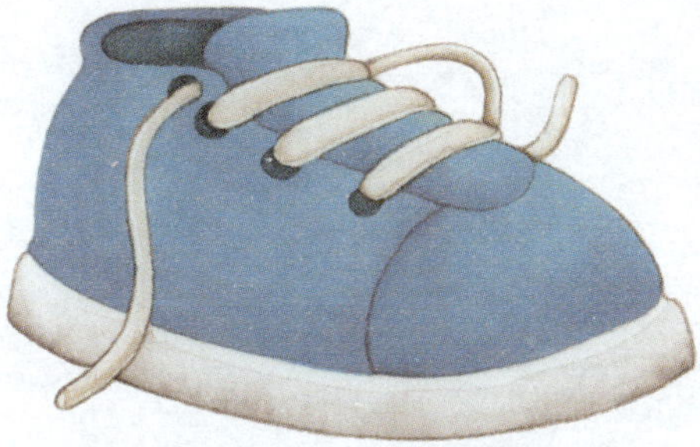

Que jueguen en el salón de clases para afirmar los conceptos *izquierda-derecha*.

Expresa la posición y ubicación de objetos, lugares y personas con respecto a su cuerpo y a otros objetos; usa gradualmente referentes convencionales. A NA

Grande – pequeño

Dibuja un elemento más grande de los que se muestran en cada caso. O recórtalo de alguna revista y pégalo.

Que identifiquen objetos *grandes* y *pequeños* en el salón de clases.

Estima y compara la longitud de dos o más objetos con apoyo de un intermediario, y expresa cuál es más largo, más corto, más ancho, más angosto o si son iguales; contrasta sus ideas y las representa de manera gráfica. A NA

Grande – pequeño

Recorta los dibujos de la página 195 y pégalos donde corresponda.
¿Qué te parece si dibujas otro elemento pequeño?

Grandes

Pequeños

Que agrupen diversos objetos por tamaño.

Estima y compara la longitud de dos o más objetos con apoyo de un intermediario, y expresa cuál es más largo, más corto, más ancho, más angosto o si son iguales; contrasta sus ideas y las representa de manera gráfica. A NA

Alto – bajo

Dibuja un objeto más alto que los que se muestran en cada caso. Después encierra el más bajo.

Propicie juegos relacionados con los conceptos *alto* y *bajo*, como "enanos y gigantes".

Estima y compara la longitud de dos o más objetos con apoyo de un intermediario, y expresa cuál es más largo, más corto, más ancho, más angosto o si son iguales; contrasta sus ideas y las representa de manera gráfica. A NA

Largo – corto

Observa cada serie de elementos y colorea de amarillo lo corto y de azul, lo largo. Comenta en qué te fijaste para hacerlo.

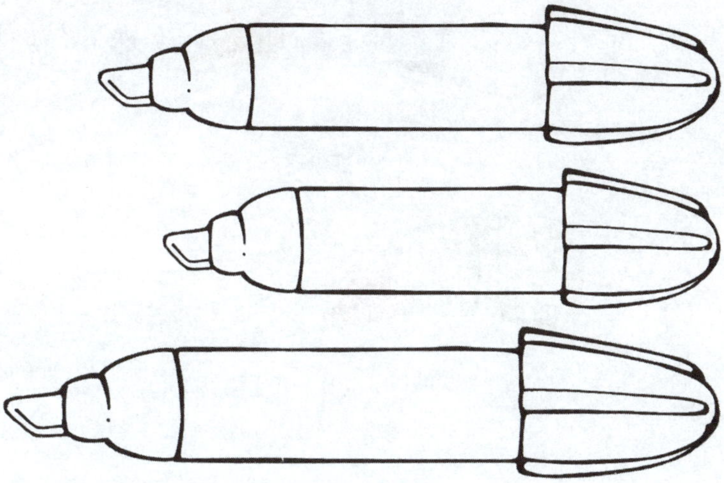

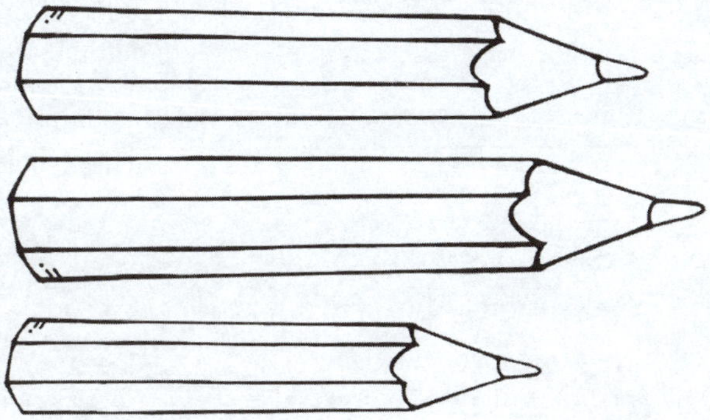

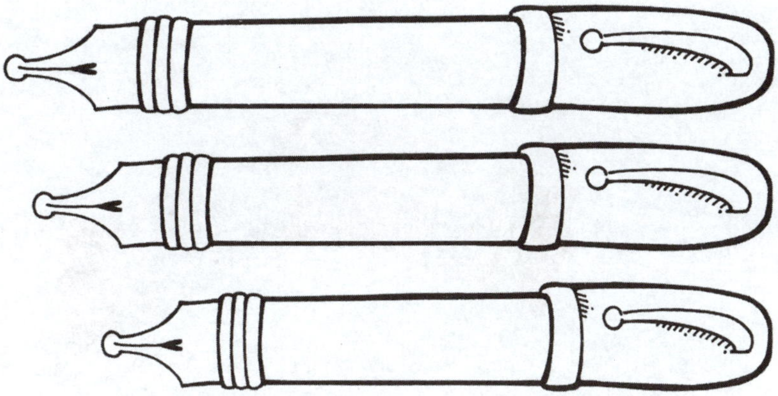

Organice juegos en los que los niños formen filas *largas* y *cortas*.

Estima y compara la longitud de dos o más objetos con apoyo de un intermediario, y expresa cuál es más largo, más corto, más ancho, más angosto o si son iguales; contrasta sus ideas y las representa de manera gráfica. A NA

Largo – corto

Dibuja un cinturón más corto.

Encierra la bufanda más larga.

Que jueguen a formar filas de objetos *largos* y *cortos*.

Estima y compara la longitud de dos o más objetos con apoyo de un intermediario, y expresa cuál es más largo, más corto, más ancho, más angosto o si son iguales; contrasta sus ideas y las representa de manera gráfica. A NA

Cerca–lejos

Marca con un ✗ el ratón que está cerca del queso y circula el caballo que está lejos de la cerca. Colorea el pajarito que se ve lejos de las flores y el barco que está cerca de la roca. Y tú, ¿estás cerca o lejos del pizarrón?

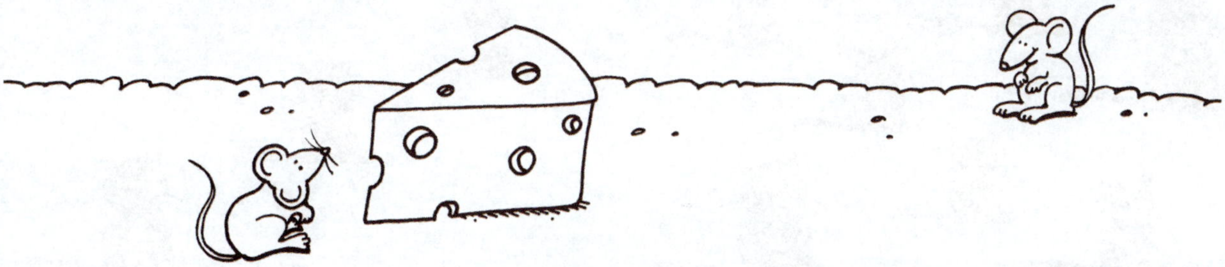

Coordine juegos en los que se practiquen los conceptos *cerca-lejos*.

Mide los objetos, áreas o distancias con unidades no convencionales que tiene al alcance y explica por qué son apropiadas; las representa de manera gráfica. A NA

Muchos – pocos – nada

Marca con un ✗ donde hay pocos y dibuja una ✓ donde hay muchos. Traza un círculo rojo donde no hay nada. Explica por qué se dice que no hay nada.

Que hagan grupos de *pocos*, *muchos* y *ningún* objeto.

Construye colecciones y las compara mediante distintas estrategias para determinar cuál tiene más o menos elementos. A NA

Muchos – pocos – nada

Recorta los peces de la página 193 y pégalos como se indica. ¿Tienes muchos o pocos hermanos? Compártelo en clase.

Nada

Pocos

Muchos

Explíqueles que no deben pegar nada en el primer recuadro y hagan ejercicios de *muchos, pocos* o *nada*.

Construye colecciones y las compara mediante distintas estrategias para determinar cuál tiene más o menos elementos. A NA

Vacío – lleno

Marca con un ✗ lo que está lleno. Explica en qué es diferente lo lleno de lo vacío.

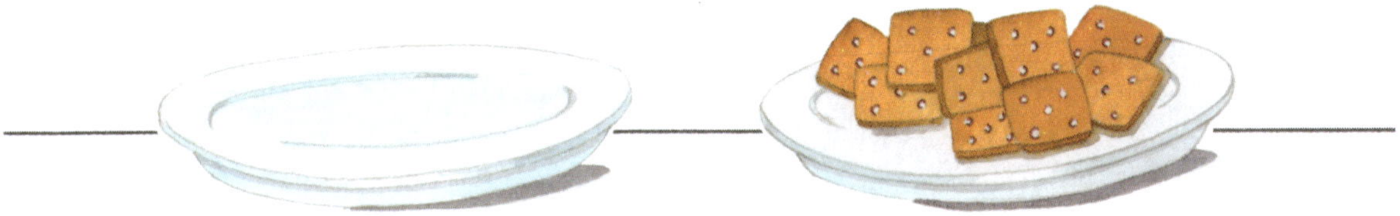

Que realicen ejercicios de *llenar* y *vaciar* objetos como vasos, cajas y loncheras.

Trasvasa arena o líquidos entre recipientes de distintos tamaños y formas para medir su capacidad y expresa en cuál cabe más o menos. A NA

Ligero – pesado

¿Qué pesará más? Enciérralo en cada balanza y comenta cómo lo supiste.

Si es posible, lleve una balanza al salón de clases para que los niños pesen diferentes objetos.

Usa balanzas o básculas para comparar el peso de dos o más objetos. A NA

Ligero – pesado

Identifica en cada caso los animales más ligeros (livianos) y coloréalos. Marca con un ✗ los que pesan más.

Observa las balanzas y colorea el objeto más pesado de cada una.

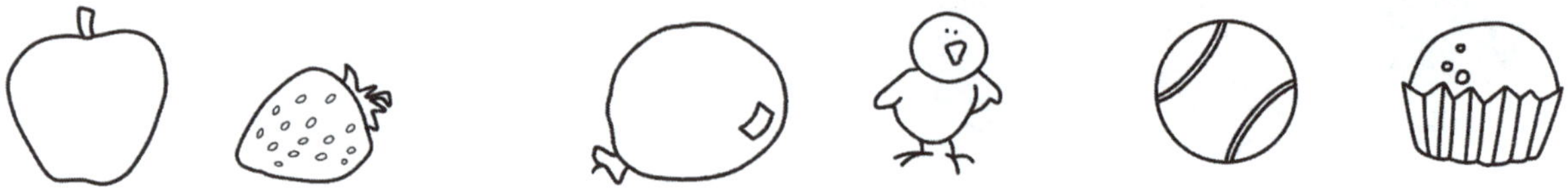

Que jueguen a sopesar libros, mochilas, suéteres, etc., para determinar qué pesa más y qué, menos.

Usa balanzas o básculas para comparar el peso de dos o más objetos. A NA

Vacío–lleno

Marca con una ✓ la jarra llena.

Lleno-vacío

Marca con una ✓ la pecera vacía.

Vacío-lleno

Trasvasa arena o líquidos entre recipientes de distintos tamaños y formas para medir su capacidad y expresa en cuál cabe más o menos. A NA

Formas

¿Qué figuras conoces? Menciona sus nombres y une las que se parecen.
Observa el ejemplo.

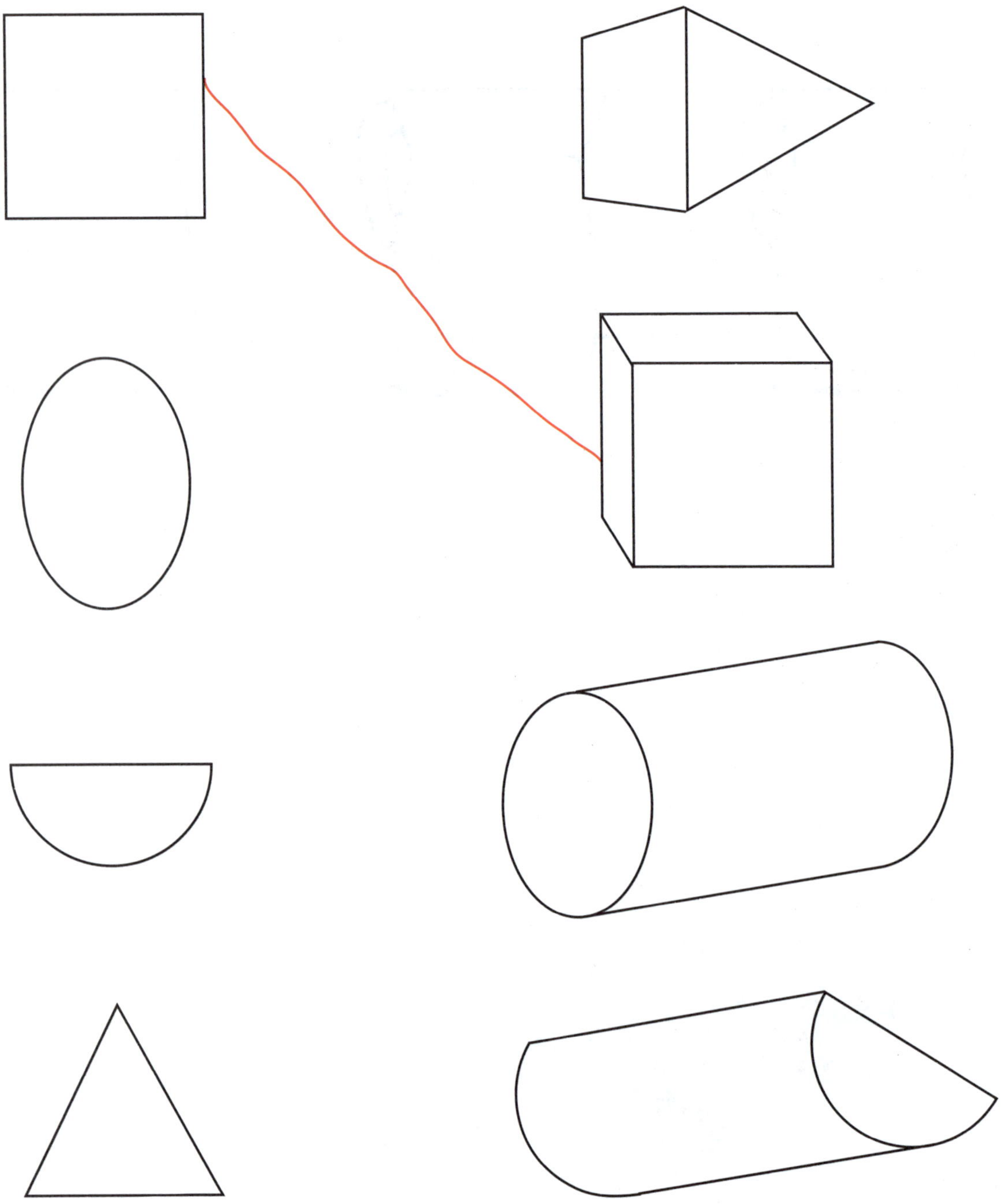

Observa y reconoce atributos geométricos en objetos y elementos de su entorno, y los describe con sus palabras y con términos convencionales. A NA

Clasificación por color

Traza un ✗ en la figura del mismo color que el modelo. ¿Qué figuras son? Coméntalo.

Ejemplo:

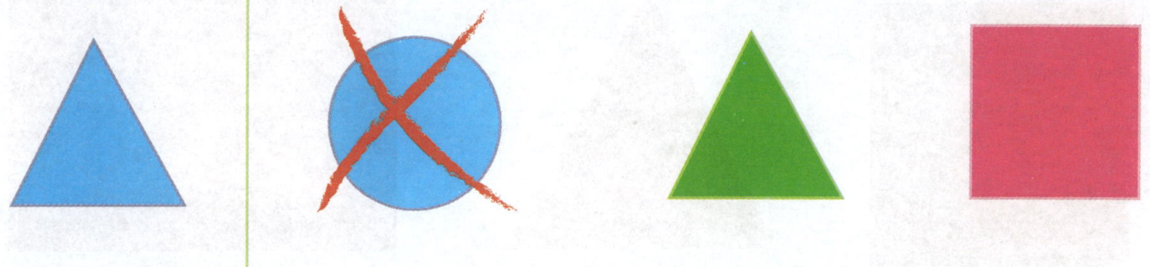

Modelos:

Observa y reconoce atributos geométricos en objetos y elementos de su entorno, y los describe con sus palabras y con términos convencionales. A NA

Clasificación por color

Relaciona con una línea las figuras del mismo color. Menciona el nombre de los colores que ves.

Que repasen los nombres de las superficies (cuadrado, triángulo, círculo, rectángulo).

Observa y reconoce atributos geométricos en objetos y elementos de su entorno, y los describe con sus palabras y con términos convencionales. A NA

Clasificación por tamaño

Marca con una ✓ el juguete del mismo tamaño que el modelo.
Comenta cuál es tu juguete más grande. ¿Y el más pequeño?

Ejemplo:

Modelos:

Antes de hacer la actividad del libro, realice ejercicios de clasificación por *tamaño*.

Estima y compara la longitud de dos o más objetos con apoyo de un intermediario, y expresa cuál es más largo, más corto, más ancho, más angosto o si son iguales; contrasta sus ideas y las representa de manera gráfica. A NA

Clasificación por grosor

Colorea el crayón más grueso. ¿En qué lugar está?

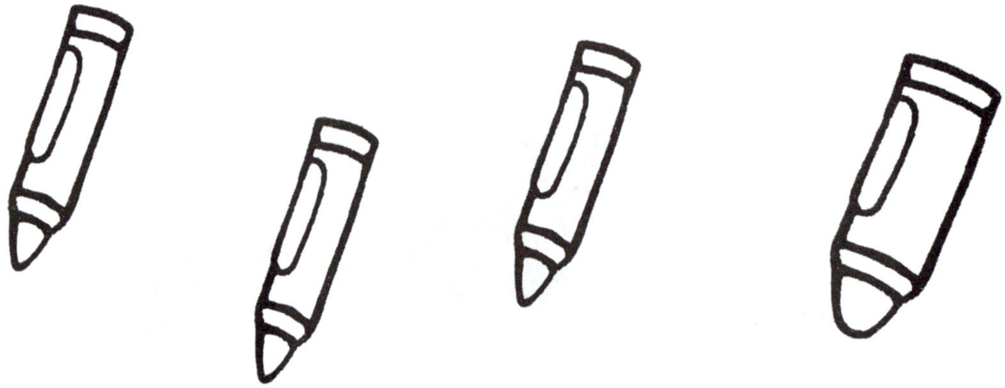

Dibuja, en el espacio vacío, un pincel más delgado que los que se muestran.

Encierra el lápiz más grueso. Explica cómo lo supiste.

Que realicen ejercicios similares con cuadernos, zapatos, gomas y otros objetos para hacer comparaciones entre ellos.

Estima y compara la longitud de dos o más objetos con apoyo de un intermediario, y expresa cuál es más largo, más corto, más ancho, más angosto o si son iguales; contrasta sus ideas y las representa de manera gráfica. A NA

Clasificación por forma

Colorea las hojas según su forma.

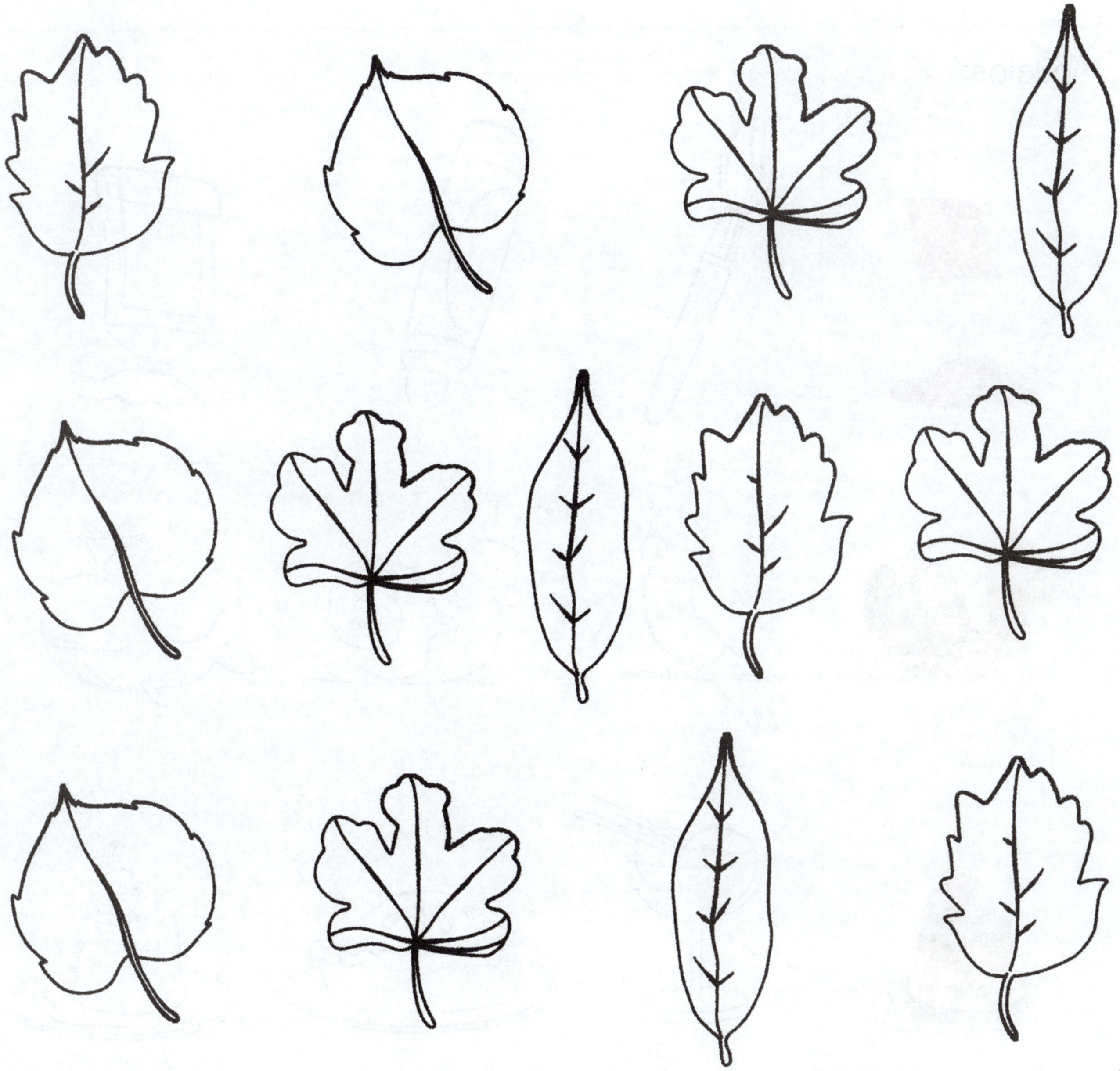

Que busquen objetos con diferentes formas en el salón de clases.

Observa y reconoce atributos geométricos en objetos y elementos de su entorno, y los describe con sus palabras y con términos convencionales. A NA

Clasificación por forma

Colorea la figura que es igual al modelo. Comenta en qué te fijaste para hacerlo.

Ejemplo:

Modelos:

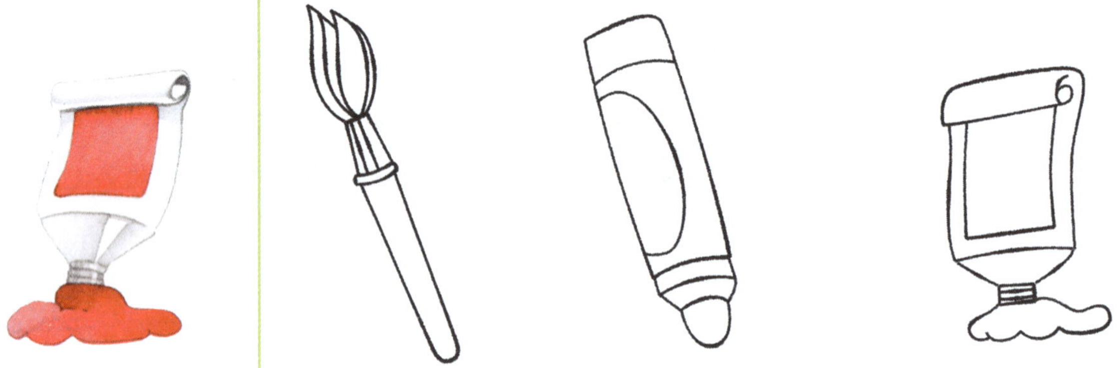

Observa y reconoce atributos geométricos en objetos y elementos de su entorno, y los describe con sus palabras y con términos convencionales. A NA

Noción intuitiva de número

Propósitos

El alumno establecerá relaciones de más que, menos que y tantos como; practicará la correspondencia uno a uno entre dos agrupamientos; descubrirá criterios de relación entre elementos de cada grupo, hasta llegar a los conceptos: *tantos como, más que, menos que, igual que*, y a la representación gráfica del numeral; para ello, aprenderá el significado de cada número con material didáctico para después aprender a la escritura de éstos. Como ya maneja los conceptos de *más que, menos que* e *igual que*, se empezará con la suma, la resta y la recta numérica.

Sugerencias didácticas para el docente

Suma y resta

Cuente objetos y agregue otros para que el niño razone el concepto de suma; de igual manera quite objetos para que el niño comprenda la resta. Ya que el niño comprendió el concepto de agregar y quitar, se pasará a la representación gráfica de la suma y la resta.

Más que, menos que, tantos como

Para los conceptos *más que, menos que* o *tantos como*, coloque a los niños en círculo y entregue a cada uno un lápiz; deberán sobrar lápices. Pregúnteles: "¿Hay más lápices que niños?".

Correspondencia uno a uno

Ponga un lápiz en una caja y un cuaderno, en otra. Esta correspondencia es complementaria y establece una correspondencia de uno a uno, lo cual ayuda a la flexibilidad del pensamiento.

Seriación

Trabaje la seriación creciente y decreciente con los niños; primero con objetos; luego hagan seriaciones con números de forma creciente y decreciente, para que el niño adquiera la reversibilidad de pensamiento, ya que se establecen secuencias y relaciones de mayor a menor y viceversa. En su mesa, los niños pueden acomodar objetos de mayor a menor, siguiendo una secuencia.

Números

Tendrán una noción intuitiva del número. De manera alternada, se presentan actividades de seriación creciente y decreciente, en una relación más uno, menos uno. Para reafirmar estos conceptos pueden utilizar la ronda "Los elefantes". Que lleguen hasta el 10 y luego sigan un orden decreciente.

Registro de datos

Se puede hacer un inventario de los objetos que hay en el salón: cuenten las mesas, las bancas y los alumnos, y hagan el registro primero en el pizarrón y después, en el libro.

Habilidades generales	Psicomotricidad fina, discriminar, analizar, observar, percepción visual, expresión oral, escucha y comprensión, comparación, distribución, ordenamiento, comparación, flexibilidad y reversibilidad de pensamiento, entre otras.

Evaluación de procesos de desarrollo de aprendizaje

Contenido	Los saberes numéricos como herramienta para resolver situaciones del entorno en diversos contextos socioculturales.
Procesos de desarrollo de aprendizaje	Propone, de manera colaborativa, formas de resolver situaciones cotidianas e imaginarias que involucran acciones de agregar, juntar, quitar, separar, comparar e igualar cantidades.
Páginas	48 A NA, 52 A NA, 53 A NA, 66 A NA, 72 A NA, 73 A NA, 74 A NA, 79 A NA, 80 A NA, 81 A NA, 86 A NA, 87 A NA, 88 A NA, 89 A NA, 92 A NA, 93 A NA, 94 A NA, 95 A NA, 96 A NA, 97 A NA, 103 A NA, 104 A NA, 105 A NA, 106 A NA, 107 A NA, 110 A NA, 111 A NA, 118 A NA, 120 A NA, 121 A NA, 124 A NA, 127 A NA, 128 A NA, 129 A NA, 130 A NA, 131 A NA, 133 A NA, 139 A NA, 145 A NA, 146 A NA, 149 A NA, 151 A NA, 152 A NA, 153 A NA, 154 A NA, 155 A NA, 156 A NA, 159 A NA
¿Cómo puede mejorar?	
Procesos de desarrollo de aprendizaje	Construye colecciones y las compara mediante distintas estrategias para determinar cuál tiene más o menos elementos.
Páginas	54 A NA, 55 A NA, 56 A NA, 57 A NA, 58 A NA, 59 A NA, 101 A NA, 115 A NA, 150 A NA, 157 A NA
¿Cómo puede mejorar?	
Procesos de desarrollo de aprendizaje	Cuenta objetos y elementos de su entorno en su lengua materna con diversos propósitos.
Páginas	60 A NA, 62 A NA, 64 A NA, 68 A NA, 70 A NA, 77 A NA, 83 A NA, 84 A NA, 85 A NA, 91 A NA, 98 A NA, 100 A NA, 102 A NA, 109 A NA, 114 A NA, 117 A NA, 123 A NA, 134 A NA, 135 A NA, 136 A NA, 137 A NA, 138 A NA, 140 A NA, 141 A NA, 142 A NA, 143 A NA, 144 A NA, 147 A NA, 148 A NA, 158 A NA, 161 A NA
¿Cómo puede mejorar?	
Procesos de desarrollo de aprendizaje	Representa cantidades, con dibujos, símbolos personales y numerales e interpreta los registros de sus pares.
Páginas	61 A NA, 63 A NA, 65 A NA, 67 A NA, 69 A NA, 71 A NA, 76 A NA, 78 A NA, 82 A NA, 90 A NA, 99 A NA, 108 A NA, 113 A NA, 116 A NA, 119 A NA, 126 A NA, 132 A NA, 160 A NA
¿Cómo puede mejorar?	
Procesos de desarrollo de aprendizaje	Intercambia, con sus pares, saberes numéricos para plantear problemas y encontrar distintas estrategias para resolverlos de formas diversas y equitativas.
Páginas	75 A NA, 112 A NA, 122 A NA, 125 A NA, 176 A NA
¿Cómo puede mejorar?	
Procesos de desarrollo de aprendizaje	Ordena elementos de una serie y usa números ordinales para expresar el lugar que ocupa cada elemento.
Páginas	174 A NA, 175 A NA
¿Cómo puede mejorar?	

Contenido	Las magnitudes de longitud, peso, capacidad y tiempo en situaciones cotidianas del hogar y del entorno sociocultural.
Procesos de desarrollo de aprendizaje	Mide objetos, áreas o distancias con unidades no convencionales que tiene al alcance y explica por qué son apropiadas; las representa de manera gráfica.
Páginas	162 A NA, 163 A NA, 164 A NA, 165 A NA
¿Cómo puede mejorar?	
Procesos de desarrollo de aprendizaje	Hace uso de instrumentos que miden el paso del tiempo, tales como calendarios, relojes de arena, solares, digitales y análogos.
Páginas	166 A NA, 169 A NA, 170 A NA, 171 A NA
¿Cómo puede mejorar?	
Procesos de desarrollo de aprendizaje	Percibe el paso del tiempo mediante eventos y procesos, con apoyo de la observación de cambios en la naturaleza, como el día y la noche, las estaciones del año, las temporadas de cosecha, el crecimiento de seres vivos o cualquier evento importante de la comunidad.
Páginas	167 A NA, 168 A NA
¿Cómo puede mejorar?	

Contenido	Clasificación y experimentación con objetos y elementos del entorno que reflejan la diversidad de la comunidad o región.
Procesos de desarrollo de aprendizaje	Elabora e interpreta registros para organizar objetos y elementos del entorno mediante dibujos, tablas, símbolos o pictogramas; los explica a otras personas en su lengua materna y con sus palabras.
Páginas	47 A NA, 172 A NA, 173 A NA
¿Cómo puede mejorar?	
Procesos de desarrollo de aprendizaje	Dialoga con sus pares para definir criterios de clasificación de objetos y elementos del entorno natural y sociocultural que respondan a distintos propósitos.
Páginas	49 A NA, 50 A NA, 51 A NA
¿Cómo puede mejorar?	

Situación didáctica

Cuenta los elementos y escribe cuántos hay de cada uno.

Ahora comenta con tus compañeros y profesor(a):

- ¿Cuántos árboles hay?
- ¿Qué hay más? ¿Abejas o mariposas?
- ¿Qué hay más? ¿Lombrices o arañas?
- Cuenta las manzanas, ¿cuántas hay?
- ¿Qué hay más? ¿Manzanas o flores?
- ¿Cuántas abejas están cerca del panal?
- ¿Cuántas abejas están lejos del panal?
- ¿Cuántas abejas hay en total?
- ¿Cuántas flores son rosas?
- ¿Cuántos pájaros son azules?
- ¿Cuántas arañas penden de una telaraña?
- Agrupa todas las abejas que están cerca del panal.

NOTA PARA EL DOCENTE: Propicie que los alumnos utilicen los conceptos *más-que, menos-que, tantos como, igualdad, números, suma-resta, decena, registro de datos, agrupamiento.*

Utilicen las páginas 52, 92, 94 y 155 para reflexionar sobre el medio ambiente.

Elabora e interpreta registros para organizar objetos y elementos del entorno mediante dibujos, tablas, símbolos o pictogramas; los explica a otras personas en su lengua materna y con sus palabras. A NA

Pertenencia

Cada niño debe tener un helado, una paleta, una manzana y un pastelito. Dibuja los que faltan.

Que hagan ejercicios de *pertenencia* con objetos del salón de clases.

Propone, de manera colaborativa, formas de resolver situaciones cotidianas e imaginarias que involucran acciones de agregar, juntar, quitar, separar, comparar e igualar cantidades. A NA

Pertenencia

Colorea cada fruta de acuerdo con el agrupamiento al que pertenece, según su color.

Que hagan ejercicios de *pertenencia* a distintos grupos: de niñas, niños, altos, delgados, etcétera.

Dialoga con sus pares para definir criterios de clasificación de objetos y elementos del entorno natural y sociocultural que respondan a distintos propósitos. A NA

Agrupación por color

Desprende las pegatinas y pégalas para formar agrupamientos del mismo color. Comenta qué aprendiste de esta actividad.

Que formen grupos de características similares con útiles escolares, mesas, troncos, sillas, etcétera.

Dialoga con sus pares para definir criterios de clasificación de objetos y elementos del entorno natural y sociocultural que respondan a distintos propósitos. A NA

Agrupación por tamaño

Desprende las pegatinas y pégalas para formar dos agrupamientos, cada uno con figuras del mismo tamaño. Verifica tu ejercicio con algún compañero.

Que formen grupos de características similares con útiles escolares, mesas, troncos, sillas, etcétera.

Dialoga con sus pares para definir criterios de clasificación de objetos y elementos del entorno natural y sociocultural que respondan a distintos propósitos. A NA

Tantos como

Cada flor debe tener la misma cantidad de abejas. ¿Cuántas abejas le tocan a cada flor? Explica cómo lo supiste.

Que encuentren relaciones uno a uno entre objetos de uso común, como hilos y agujas, lápices y cuadernos, etcétera.

Propone, de manera colaborativa, formas de resolver situaciones cotidianas e imaginarias que involucran acciones de agregar, juntar, quitar, separar, comparar e igualar cantidades. A NA

Más que, menos que

Recorta dos flores de la página 191 y pégalas. Después, une a cada abeja con una flor.

¡Los ratones tienen hambre! Ayúdalos a llegar a su comida con una línea. Comenta qué aprendiste de esta actividad.

Que determinen si hay *más* flores *que* abejas o *menos* ratones *que* quesos.

Propone, de manera colaborativa, formas de resolver situaciones cotidianas e imaginarias que involucran acciones de agregar, juntar, quitar, separar, comparar e igualar cantidades. A NA

Más que >

Colorea donde hay más dibujos y escribe el símbolo >. Fíjate en el ejemplo.

Ejemplo:

Que comparen objetos y definan si son *más que* los de otro agrupamiento.

Construye colecciones y las compara mediante distintas estrategias para determinar cuál tiene más o menos elementos. A NA

Más que >

Colorea los agrupamientos con más dibujos y escribe el signo >
al compararlos con el otro. ¿Cómo relacionas esta actividad con
lo que ya aprendiste?

Que comparen agrupamientos con diferentes cantidades de objetos para definir dónde hay más.

Construye colecciones y las compara mediante distintas estrategias para determinar cuál tiene más o menos elementos. A NA

Menos que <

Colorea los agrupamientos con menos dibujos y escribe el signo <. Fíjate en el ejemplo. Comenta qué hiciste para saberlo.

Ejemplo:

<

Que comparen colecciones para definir si hay *menos* en un grupo *que* en otro.

Construye colecciones y las compara mediante distintas estrategias para determinar cuál tiene más o menos elementos. A NA

Menos que <

Colorea los agrupamientos con menos dibujos y escribe el signo < entre ellos. Verifica tu resultado con algún compañero.

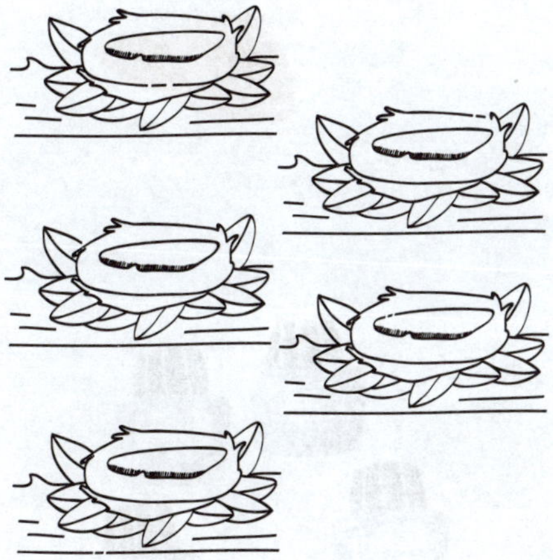

Que formen agrupamientos para hacer comparaciones.

Construye colecciones y las compara mediante distintas estrategias para determinar cuál tiene más o menos elementos. A NA

Mayor que > y < menor que

Escribe el signo > o <, según corresponda, como en el ejemplo.

Ejemplo:

>

Que comparen agrupamientos con diferentes cantidades de objetos para definir dónde hay más.

Construye colecciones y las compara mediante distintas estrategias para determinar cuál tiene más o menos elementos. A NA

Tantos como

Marca con un ✗ el agrupamiento donde hay tantos dibujos como en el modelo. ¿Qué descubriste con esta actividad?

Ejemplo:

Modelos:

Construye colecciones y las compara mediante distintas estrategias para determinar cuál tiene más o menos elementos. A NA

Igualdad

Dibuja agrupamientos iguales. Escribe = entre ellos, como en el ejemplo. Explica cómo se relaciona esta actividad con la de la página anterior.

Ejemplo:

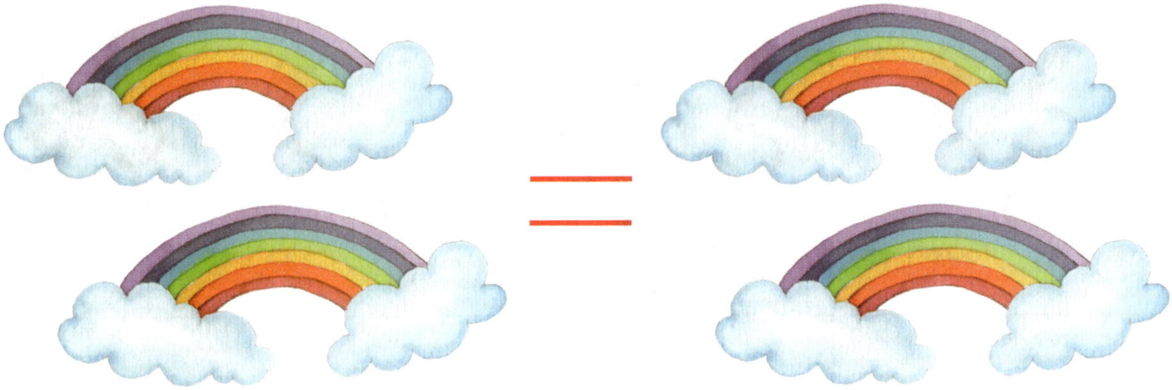

Jueguen a reunir conjuntos iguales con objetos que estén en el salón.

Cuenta objetos y elementos de su entorno en su lengua materna con diversos propósitos. A NA

Número 1

Haz un dibujo para los números 1 que no lo tienen. Al terminar, colorea todo.

Presente el número 1 acompañado de un objeto.

Representa cantidades, con dibujos, símbolos personales y numerales e interpreta los registros de sus pares. A NA

Número 2

Remarca varias veces con tus crayones el número 2. Después recorta y pega dos verduras.

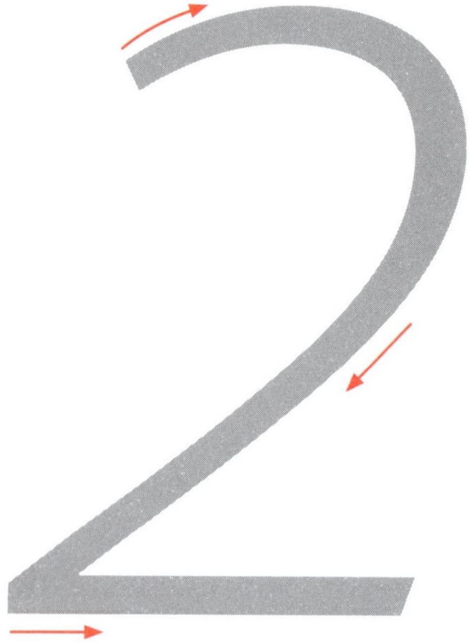

Escribe el número 2 en cada cuadro. Repasa los que están punteados.

Que repitan el ejercicio las veces que sea necesario.

Cuenta objetos y elementos de su entorno en su lengua materna con diversos propósitos. A NA

Números 1 y 2

¿Cuántos hay? Anota el número y después colorea. Fíjate en el ejemplo.

= 1

=

=

=

=

=

=

=

Representa cantidades, con dibujos, símbolos personales y numerales e interpreta los registros de sus pares. A NA

Suma

¿Cuántos hay de cada animal? Primero resuelve las sumas con dibujos y después escribe la suma con números. Fíjate en el ejemplo.

Ejemplo:

1 + 1 = 2

□ + □ = □

□ + □ = □

1	1	1	□	1
+ 1	+ □	+ 1	+ 1	+ 1
	2		2	

Explique el significado del signo + (juntar).

Propone, de manera colaborativa, formas de resolver situaciones cotidianas e imaginarias que involucran acciones de agregar, juntar, quitar, separar, comparar e igualar cantidades. A NA

Número 3

Haz 3 dibujos para cada número que no los tenga. Al terminar, colorea todo.

= 3 = 3

= 3 = 3

= 3 = 3

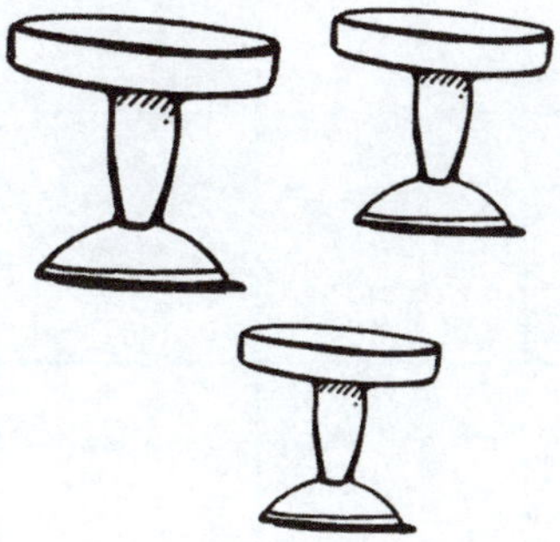

= 3 = 3

Presente el número 3 acompañado de tres objetos. Cuenten hasta 3.

Representa cantidades, con dibujos, símbolos personales y numerales e interpreta los registros de sus pares. A NA

Número 3

Remarca varias veces con tus colores el número 3. Después recorta y pega tres juguetes.

Escribe el número 3 en cada cuadro. Repasa los que están punteados.

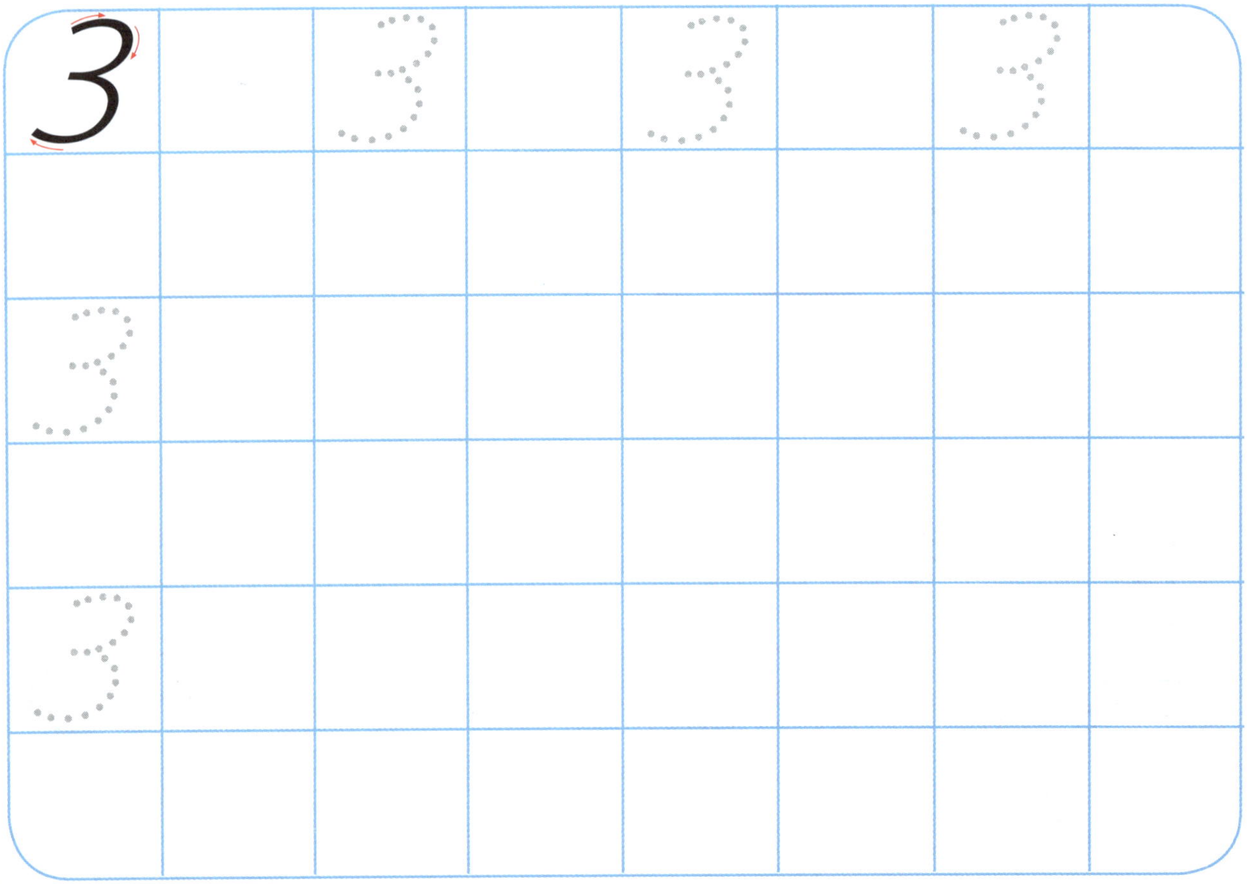

Que repitan el ejercicio las veces que sea necesario.

Cuenta objetos y elementos de su entorno en su lengua materna con diversos propósitos. A NA

Números 2 y 3

¿Cuántos son? Anota el número que corresponda, como en el ejemplo.
Después colorea los dibujos.

2

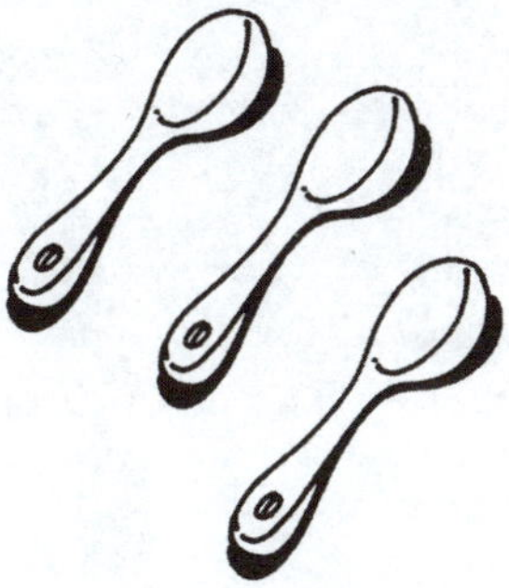

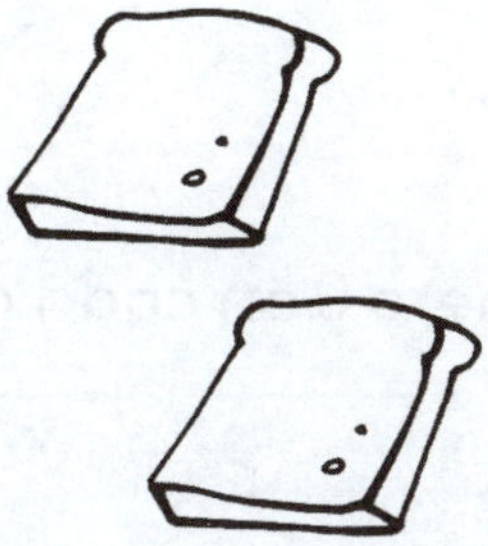

Que repitan el ejercicio las veces que sea necesario.

Representa cantidades, con dibujos, símbolos personales y numerales e interpreta los registros de sus pares. A NA

Número 0

Remarca varias veces con tus colores el número 0. Después trázalo en el aire con tu dedo índice.

Escribe el número 0 en cada cuadro. Repasa los que están punteados.

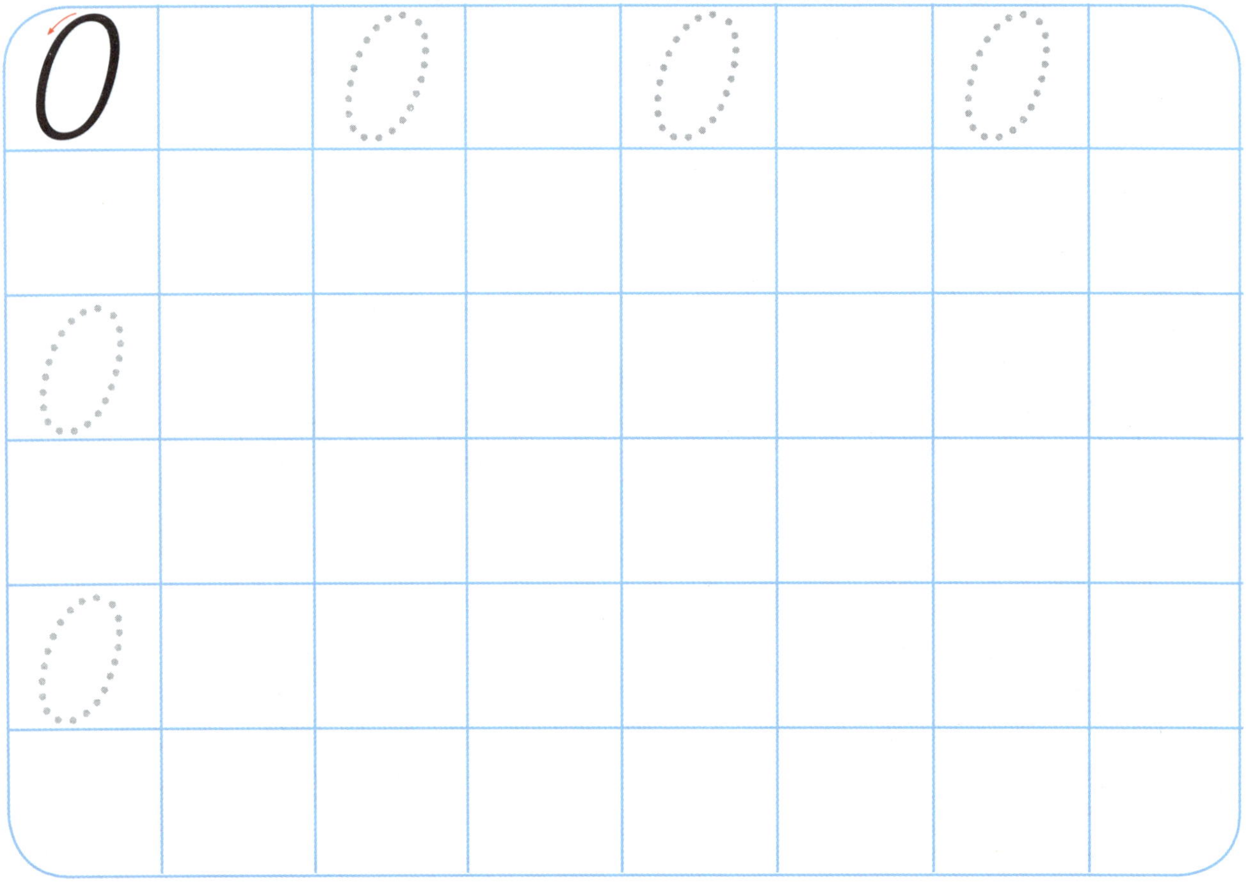

Que repitan el ejercicio las veces que sea necesario.

Cuenta objetos y elementos de su entorno en su lengua materna con diversos propósitos. A NA

Números del 0 al 3

Cuenta los elementos de cada agrupamiento y escribe cuántos hay en cada casilla.

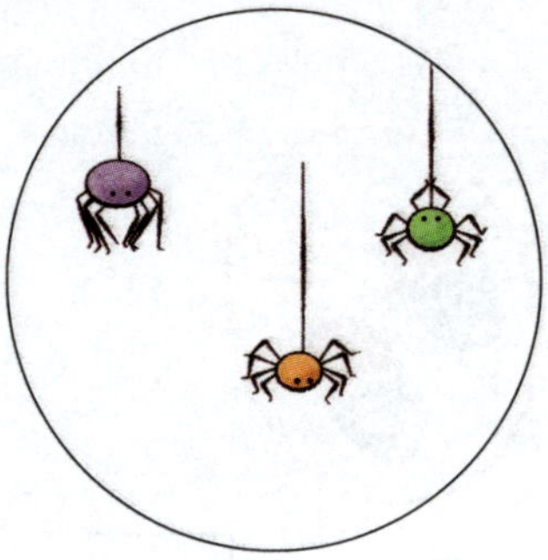

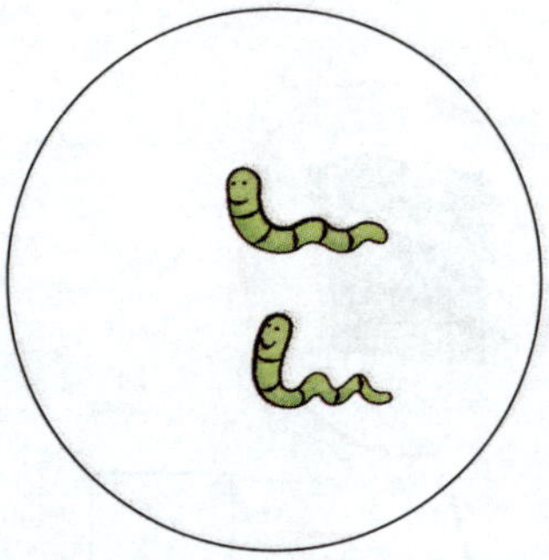

Representa cantidades, con dibujos, símbolos personales y numerales e interpreta los registros de sus pares. A NA

Suma

Suma y escribe el resultado en el recuadro. Fíjate en el ejemplo.
Compara tus resultados con algún compañero.

Ejemplo:

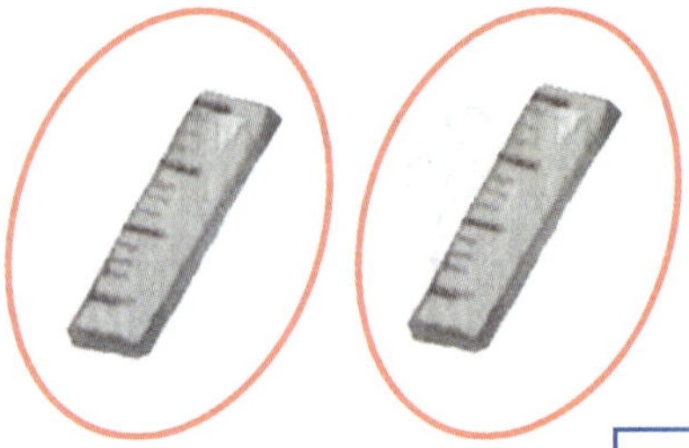

1 + 1 = 2

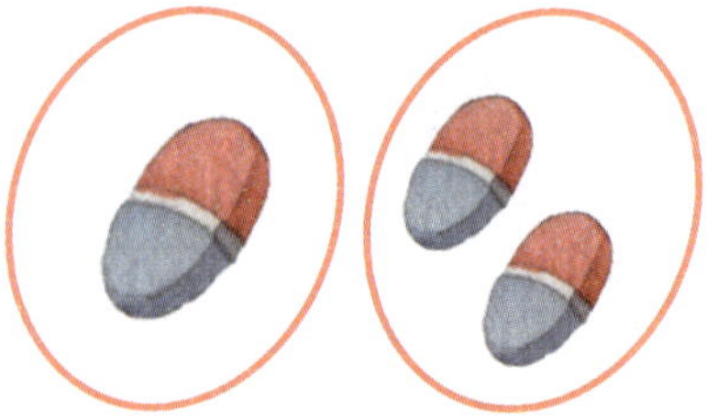

1 + 2 = ☐

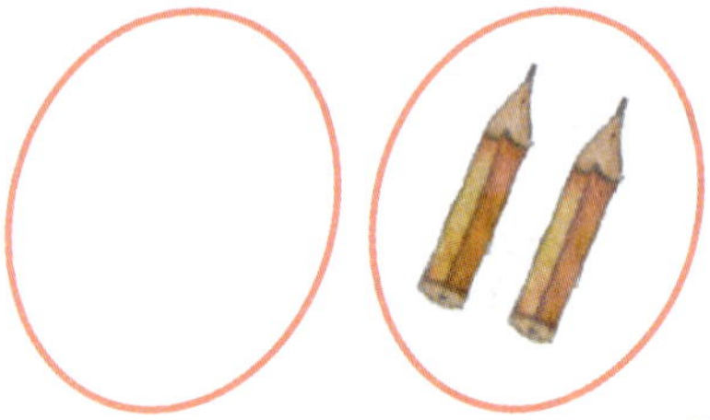

0 + 2 = ☐

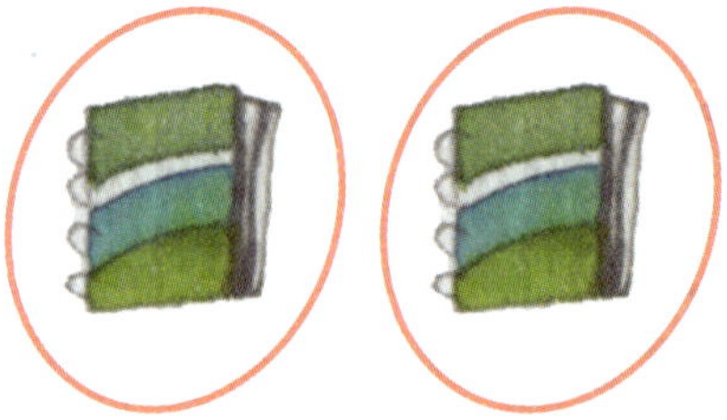

1 + 1 = ☐

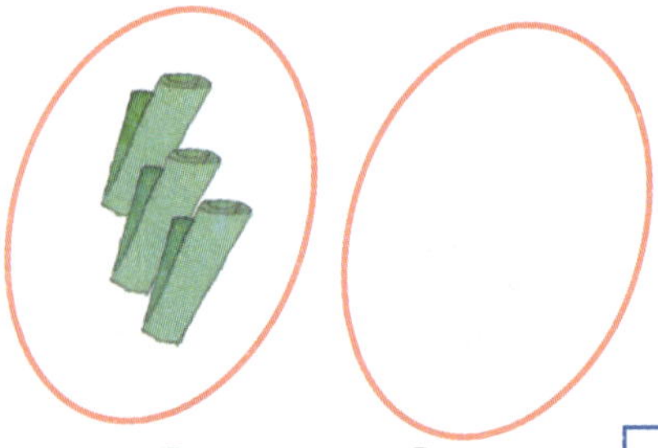

3 + 0 = ☐

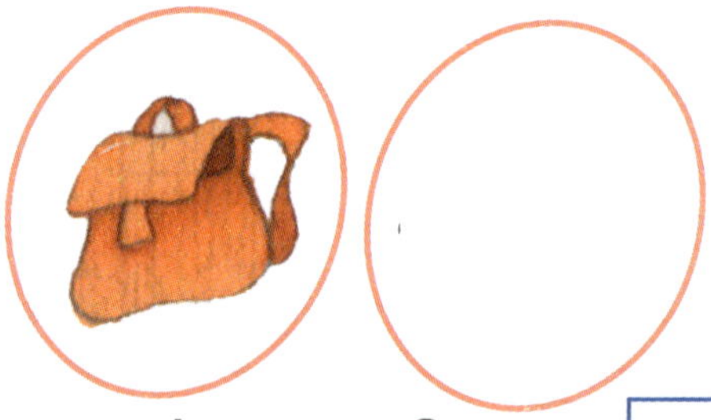

1 + 0 = ☐

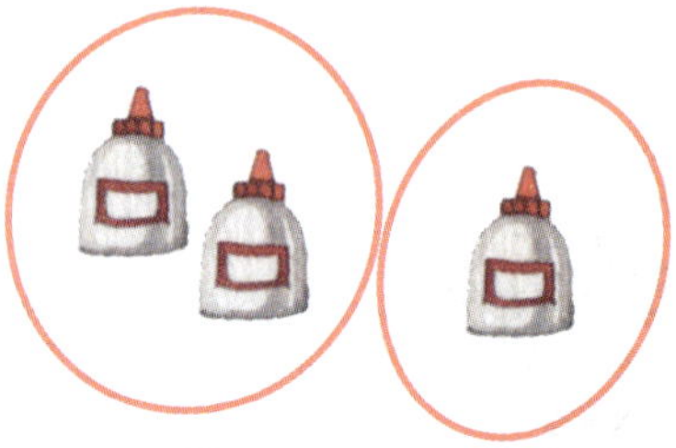

2 + 1 = ☐

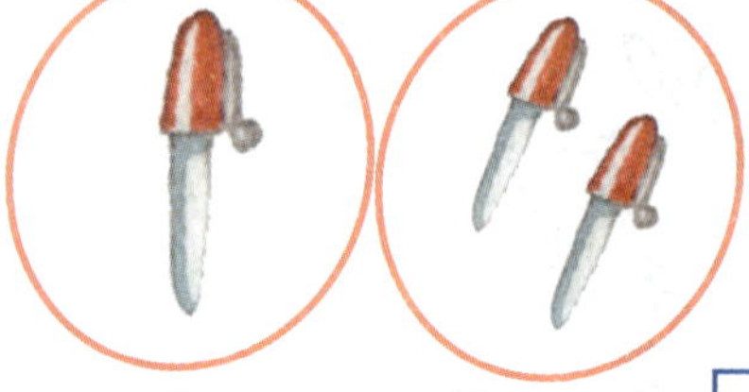

1 + 2 = ☐

Realice ejercicios colectivos en el salón de clases para practicar la suma.

Propone, de manera colaborativa, formas de resolver situaciones cotidianas e imaginarias que involucran acciones de agregar, juntar, quitar, separar, comparar e igualar cantidades. A NA

Noción de resta

Tacha un integrante de cada grupo de animales y anota cuántos "quedan". Coloréalos. Explica qué aprendiste con esta actividad.

Ejemplo:

2

Propone, de manera colaborativa, formas de resolver situaciones cotidianas e imaginarias que involucran acciones de agregar, juntar, quitar, separar, comparar e igualar cantidades. A NA

Suma

Resuelve las sumas.

$\begin{array}{r} 2 \\ +\ 1 \\ \hline \end{array}$	$\begin{array}{r} 1 \\ +\ \square \\ \hline 2 \end{array}$	$\begin{array}{r} 1 \\ +\ 2 \\ \hline \end{array}$	$\begin{array}{r} 2 \\ +\ 1 \\ \hline \end{array}$	$\begin{array}{r} 3 \\ +\ 0 \\ \hline \end{array}$
$\begin{array}{r} 1 \\ +\ 1 \\ \hline \end{array}$	$\begin{array}{r} 2 \\ +\ 1 \\ \hline \end{array}$	$\begin{array}{r} 1 \\ +\ 2 \\ \hline \end{array}$	$\begin{array}{r} 1 \\ +\ 1 \\ \hline \end{array}$	$\begin{array}{r} \square \\ +\ 1 \\ \hline 3 \end{array}$
$\begin{array}{r} 2 \\ +\ \square \\ \hline 3 \end{array}$	$\begin{array}{r} 2 \\ +\ 0 \\ \hline \end{array}$	$\begin{array}{r} 3 \\ +\ 0 \\ \hline \end{array}$	$\begin{array}{r} 1 \\ +\ 2 \\ \hline \end{array}$	$\begin{array}{r} 1 \\ +\ 1 \\ \hline \end{array}$
$\begin{array}{r} 3 \\ +\ 0 \\ \hline \end{array}$	$\begin{array}{r} 1 \\ +\ 1 \\ \hline \end{array}$	$\begin{array}{r} 2 \\ +\ 1 \\ \hline \end{array}$	$\begin{array}{r} 0 \\ +\ 1 \\ \hline \end{array}$	$\begin{array}{r} 2 \\ +\ 2 \\ \hline \end{array}$

Proporcione material concreto para que los niños resuelvan las sumas.

Propone, de manera colaborativa, formas de resolver situaciones cotidianas e imaginarias que involucran acciones de agregar, juntar, quitar, separar, comparar e igualar cantidades. A NA

Ejercicio

A cada número le toca un color. Resuelve las sumas y pinta como se indica, según el resultado. Explica cómo lo supiste.

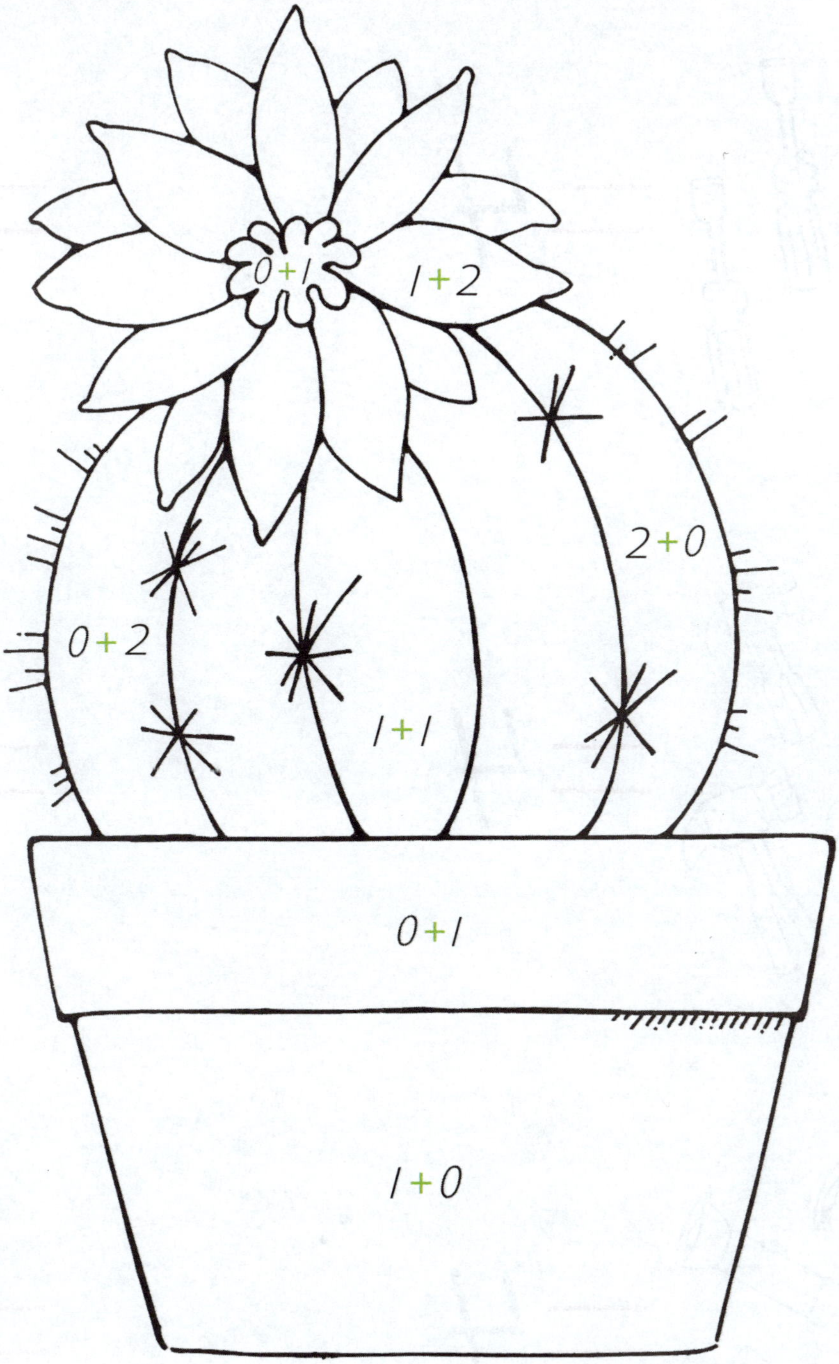

1 2 3

Número 4

Haz 4 dibujos para los números que no los tengan. Al terminar, colorea todo.

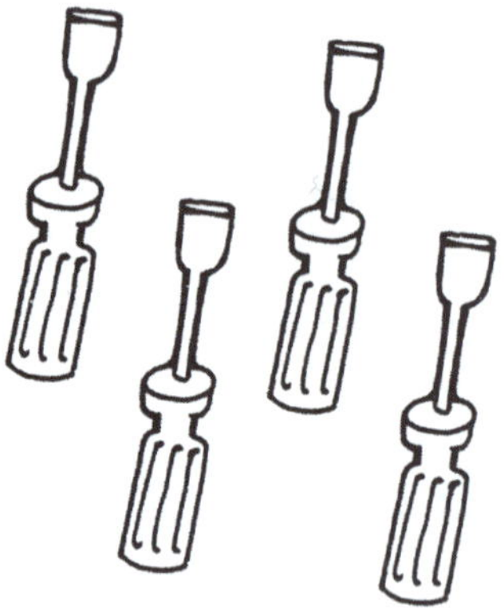

= 4   = 4

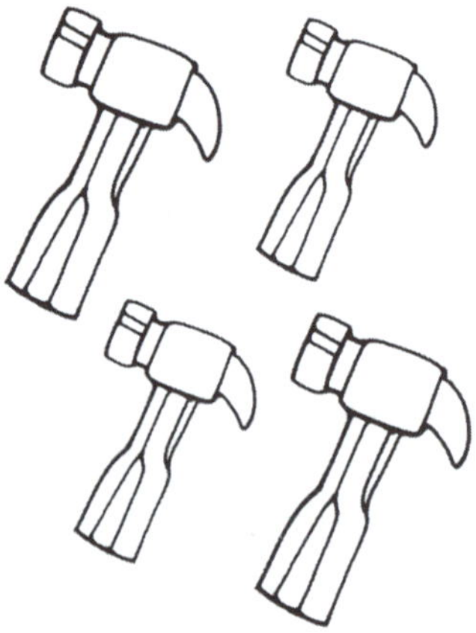

= 4   = 4

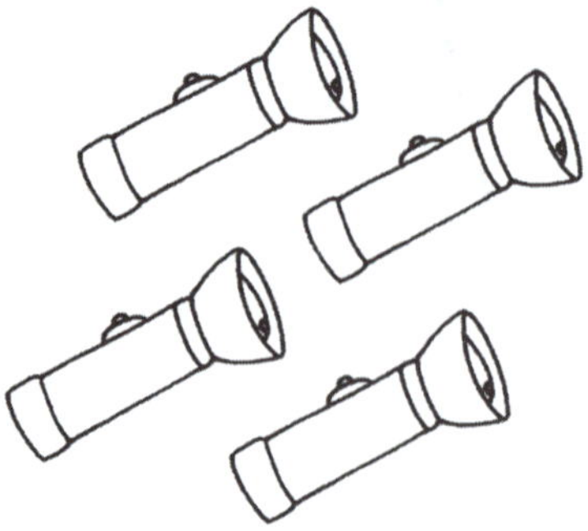

= 4   = 4

Presente el número 4 acompañado de cuatro objetos. Cuenten hasta 4 en orden creciente y decreciente.

Representa cantidades, con dibujos, símbolos personales y numerales e interpreta los registros de sus pares. A NA

Número 4

Remarca varias veces con tus colores el número 4. Dibuja cuatro círculos pequeños.

Escribe el número 4 en cada cuadro. Repasa los que están punteados.

Número 4

Recorta los dibujos de la página 191 y pega 4 al lado de cada número.

4 =

= 4

Representa cantidades, con dibujos, símbolos personales y numerales e interpreta los registros de sus pares. A NA

Recta numérica

¿Cuántos brincos dio la rana? Marca en la recta numérica los saltos de las ranas y resuelve las sumas, como en el ejemplo.

Ejemplo:

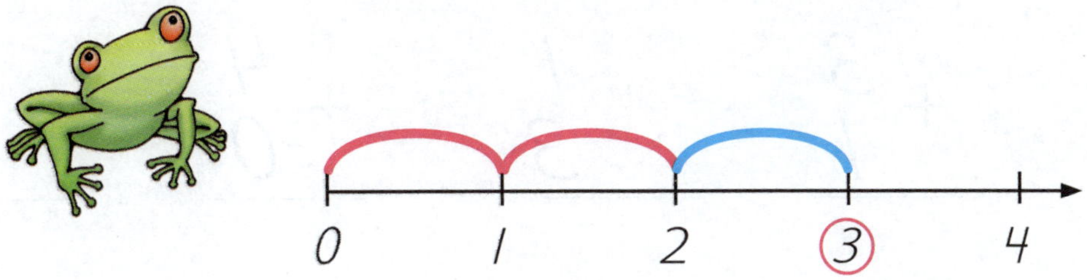

2 + 1 = 3

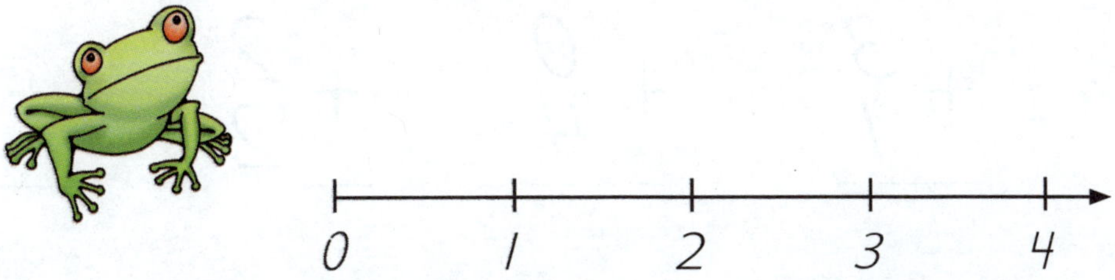

3 + 1 = ☐

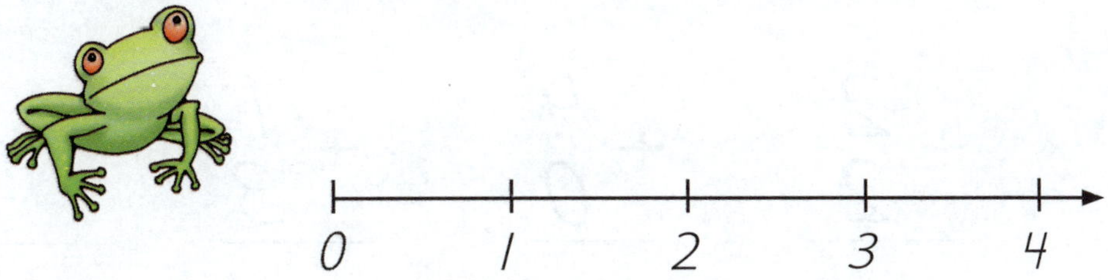

1 + 1 = ☐

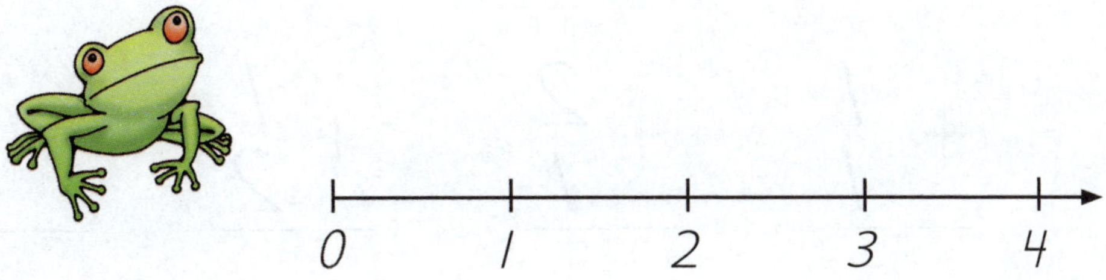

2 + 2 = ☐

Explique que la recta numérica es otra expresión de la suma.

Propone, de manera colaborativa, formas de resolver situaciones cotidianas e imaginarias que involucran acciones de agregar, juntar, quitar, separar, comparar e igualar cantidades. A NA

Suma

Resuelve las sumas.

$2 + 2$	$3 + 1$	$1 + 3$	$4 + 0$	$2 + 2$
$1 + 3$	$3 + 1$	$0 + 4$	$2 + 2$	$3 + 1$
$3 + 1$	$2 + 2$	$4 + 0$	$1 + 3$	$2 + 2$
$3 + 0$	$1 + 1$	$2 + 1$	$1 + 2$	$2 + 1$

Proporcione material concreto para que los niños resuelvan las sumas.

Propone de manera colaborativa, formas de resolver situaciones cotidianas e imaginarias que involucran acciones de agregar, juntar, quitar, separar, comparar e igualar cantidades. A NA

Resta

Escribe cuántos dibujos no están tachados y, después, coloréalos. Resuelve la resta como en el ejemplo. Explica cómo relacionas esta actividad con lo que ya aprendiste.

Ejemplo:

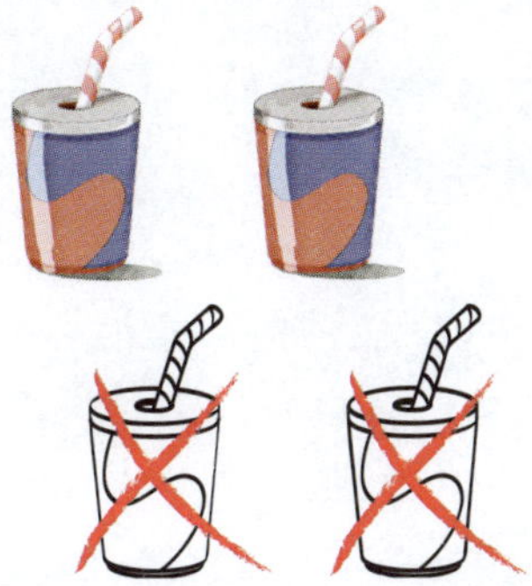

$4 - 2 = \boxed{2}$

$3 - 1 = \boxed{}$

$2 - 1 = \boxed{}$

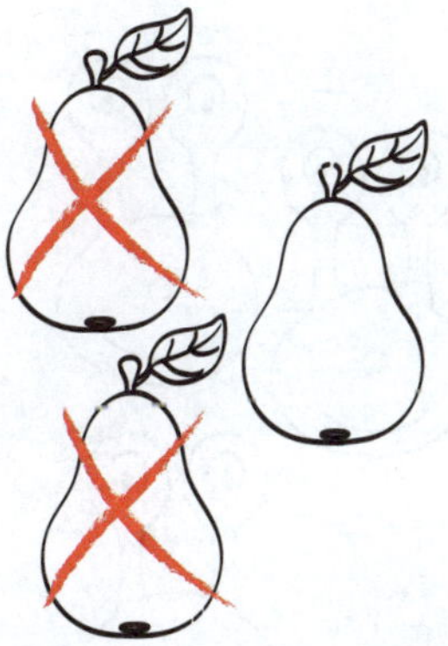

$3 - 2 = \boxed{}$

$4 - 3 = \boxed{}$

$4 - 1 = \boxed{}$

Realice ejercicios de resta en el salón, utilizando materiales concretos.

Propone, de manera colaborativa, formas de resolver situaciones cotidianas e imaginarias que involucran acciones de agregar, juntar, quitar, separar, comparar e igualar cantidades. A NA

Número 5

Haz 5 dibujos para los números que no los tengan. Al terminar, colorea todo.

= 5

= 5

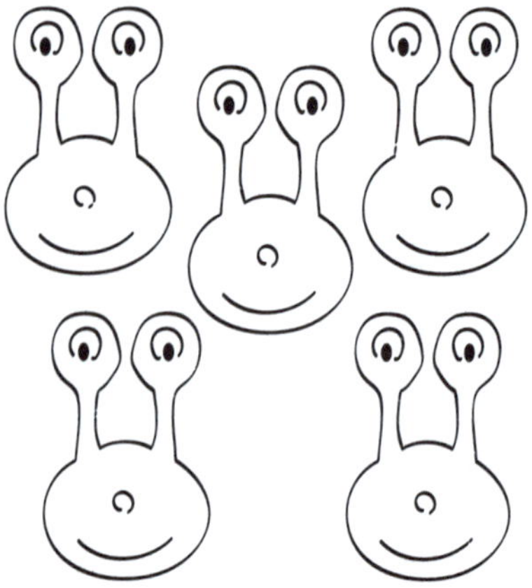

= 5

= 5

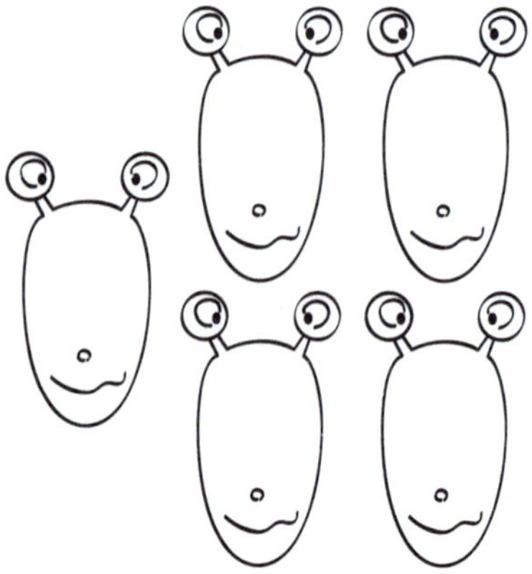

= 5

= 5

Presente el número 5 acompañado de cinco elementos. Cuenten hasta 5 en forma creciente y decreciente.

Representa cantidades, con dibujos, símbolos personales y numerales e interpreta los registros de sus pares. A NA

Número 5

Remarca varias veces con tus crayones el número 5.

Dibuja cinco manzanas.

Escribe el número 5 en cada cuadro. Repasa los que están punteados.

Que repitan el ejercicio las veces que sea necesario.

Cuenta objetos y elementos de su entorno en su lengua materna con diversos propósitos. A NA

Números del 1 al 5

Dibuja tu mano y numera tus dedos. Después completa la numeración del 1 al 5 y del 5 al 1. Comenta cuál es la diferencia.

1		2		3		4		5	
1				3				5	
5		4				2			

Cuenta objetos y elementos de su entorno en su lengua materna con diversos propósitos. A NA

Números del 1 al 5

Colorea tantos objetos como indica el número.

1

2

3

4

5

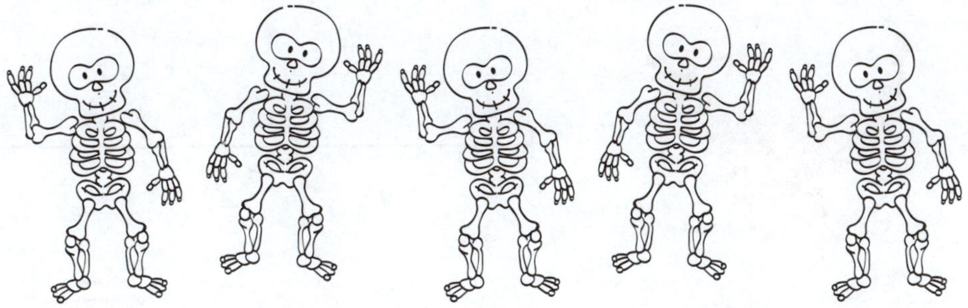

Cuenta objetos y elementos de su entorno en su lengua materna con diversos propósitos. A NA

Recta numérica

¿Cuántos brincos dio el canguro? Marca en la recta numérica los saltos de los canguros y resuelve las sumas, como en el ejemplo.

Ejemplo:

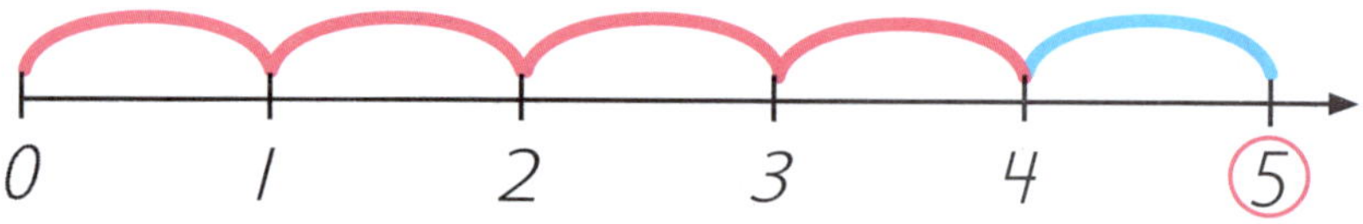

4 + 1 = 5

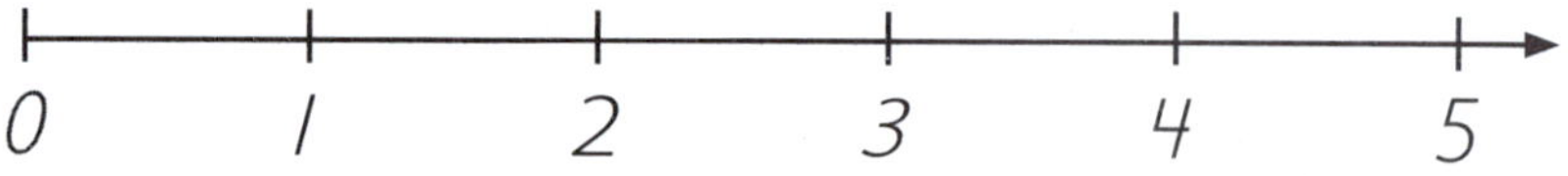

3 + 2 = ☐

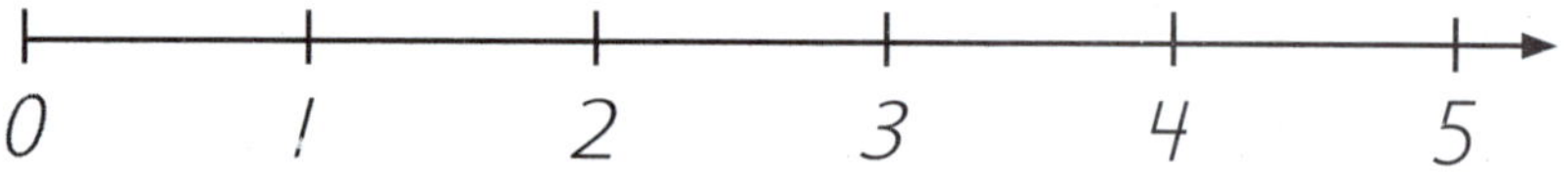

1 + 4 = ☐

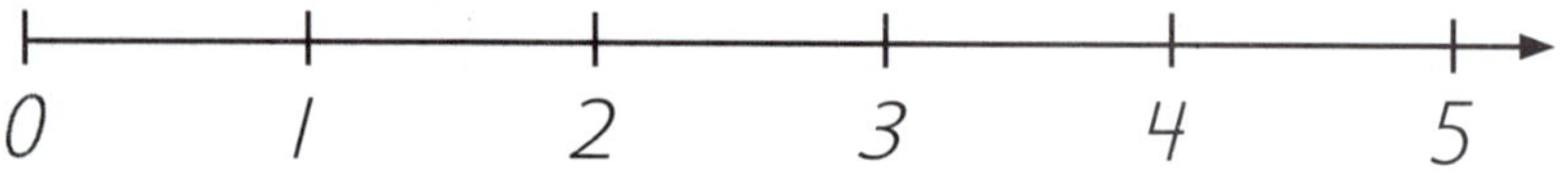

2 + 3 = ☐

Explique que la recta numérica es otra expresión de la suma.

Propone, de manera colaborativa, formas de resolver situaciones cotidianas e imaginarias que involucran acciones de agregar, juntar, quitar, separar, comparar e igualar cantidades. A NA

Suma

Suma contando los dibujos. Anota el resultado en el recuadro, como en el ejemplo.

Ejemplo:

$$\begin{array}{r} 4 \\ +\ 1 \\ \hline \boxed{5} \end{array}$$

$$\begin{array}{r} 2 \\ +\ 3 \\ \hline \square \end{array}$$

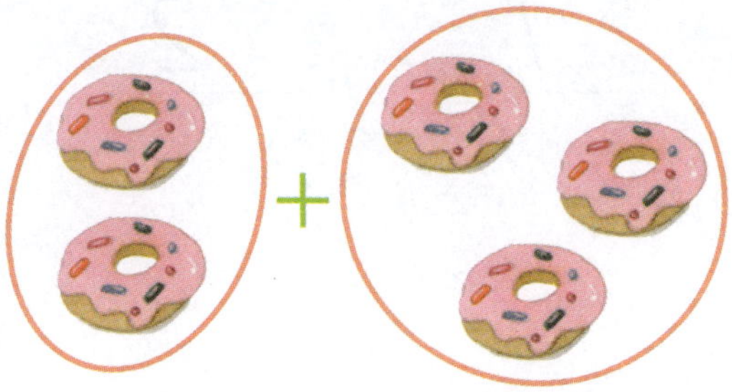

$$\begin{array}{r} 3 \\ +\ 2 \\ \hline \square \end{array}$$

$$\begin{array}{r} 1 \\ +\ 4 \\ \hline \square \end{array}$$

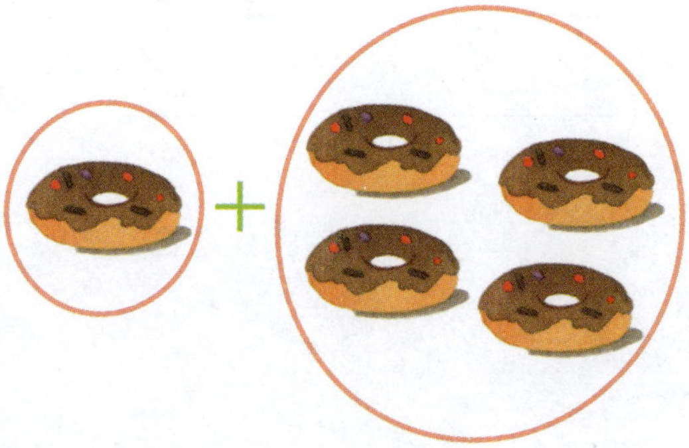

$$\begin{array}{r} 0 \\ +\ 5 \\ \hline \square \end{array}$$

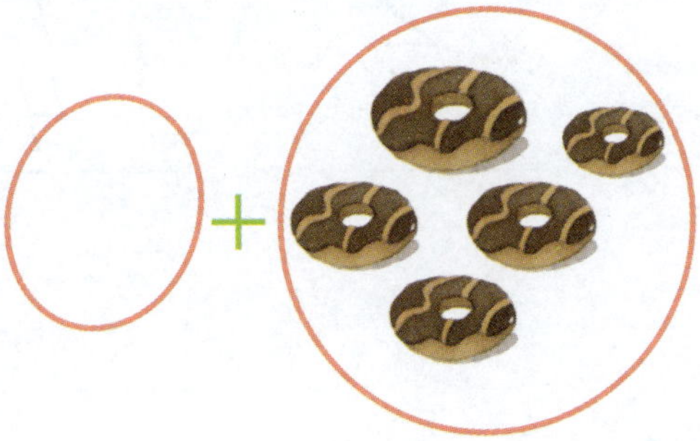

$$\begin{array}{r} 2 \\ +\ 2 \\ \hline \square \end{array}$$

$$\begin{array}{r} 3 \\ +\ 1 \\ \hline \square \end{array}$$

$$\begin{array}{r} 1 \\ +\ 1 \\ \hline \square \end{array}$$

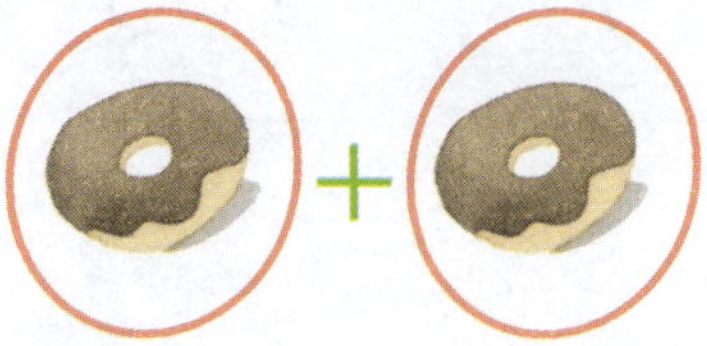

Repasen la suma con ejercicios colectivos.

Propone, de manera colaborativa, formas de resolver situaciones cotidianas e imaginarias que involucran acciones de agregar, juntar, quitar, separar, comparar e igualar cantidades. A NA

Suma

Resuelve las sumas.

$4 + 1 =$ ___	$3 + 2 =$ ___	$2 + 3 =$ ___	$1 + 4 =$ ___	$0 + 5 =$ ___
$2 + 3 =$ ___	$3 + 2 =$ ___	$5 + 0 =$ ___	$4 + 1 =$ ___	$2 + 3 =$ ___
$2 + 2 =$ ___	$3 + 1 =$ ___	$1 + 4 =$ ___	$2 + 1 =$ ___	$1 + 4 =$ ___
$1 + 2 =$ ___	$1 + 3 =$ ___	$2 + 2 =$ ___	$1 + 1 =$ ___	$4 + 1 =$ ___

Proporcione material concreto para que los niños resuelvan las sumas.

Propone, de manera colaborativa, formas de resolver situaciones cotidianas e imaginarias que involucran acciones de agregar, juntar, quitar, separar, comparar e igualar cantidades. A NA

Resta

Marca con un ✗ el número de animales que se "quita" de cada grupo. Colorea los que "quedan" y escribe el resultado.

5 – 2 = ☐

4 – 1 = ☐

5 – 3 = ☐

3 – 2 = ☐

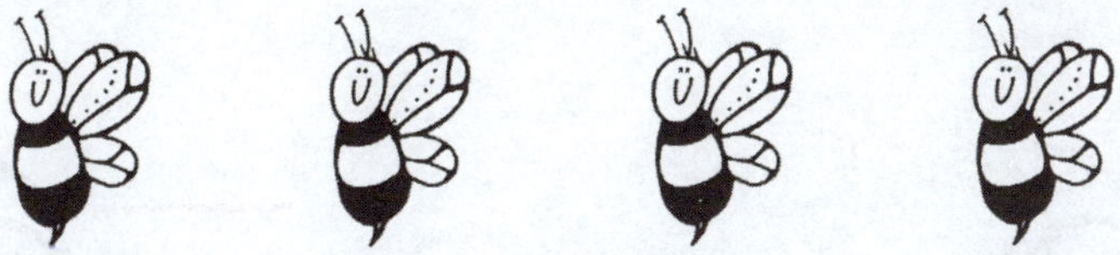

4 – 3 = ☐

5 – 1 = ☐

2 – 1 = ☐

4 – 2 = ☐

3 – 1 = ☐

5 – 4 = ☐

Resuelvan ejercicios colectivos con diversos materiales.

Propone, de manera colaborativa, formas de resolver situaciones cotidianas e imaginarias que involucran acciones de agregar, juntar, quitar, separar, comparar e igualar cantidades. A NA

Número 6

Haz 6 dibujos para los números que no los tengan. Al terminar, colorea todo.

= 6

= 6

= 6

= 6

= 6

= 6

Presente el número 6 acompañado de seis elementos. Cuenten hasta 6.

Representa cantidades, con dibujos, símbolos personales y numerales e interpreta los registros de sus pares. A NA

Número 6

Remarca varias veces con tus colores el número 6. Después dibuja seis pelotas.

Escribe el número 6 en cada cuadro. Repasa los que están punteados.

Que repitan el ejercicio las veces que sea necesario.

Cuenta objetos y elementos de su entorno en su lengua materna con diversos propósitos. A NA

Suma

Suma y cuenta los dibujos. Anota el resultado en el recuadro. Menciona el nombre de los animales que conoces.

$$\begin{array}{r} 5 \\ + \ 1 \\ \hline \square \end{array}$$

$$\begin{array}{r} 4 \\ + \ 2 \\ \hline \square \end{array}$$

$$\begin{array}{r} 3 \\ + \ 3 \\ \hline \square \end{array}$$

$$\begin{array}{r} 2 \\ + \ 4 \\ \hline \square \end{array}$$

$$\begin{array}{r} 1 \\ + \ 5 \\ \hline \square \end{array}$$

Repasen el concepto de suma mediante ejercicios colectivos.

Propone, de manera colaborativa, formas de resolver situaciones cotidianas e imaginarias que involucran acciones de agregar, juntar, quitar, separar, comparar e igualar cantidades. A NA

Suma

Resuelve las sumas.

$\begin{array}{r} 5 \\ + \ 1 \\ \hline \end{array}$ $\begin{array}{r} 3 \\ + \ 3 \\ \hline \end{array}$ $\begin{array}{r} 4 \\ + \ 2 \\ \hline \end{array}$ $\begin{array}{r} 2 \\ + \ 4 \\ \hline \end{array}$ $\begin{array}{r} 6 \\ + \ 0 \\ \hline \end{array}$

$\begin{array}{r} 3 \\ + \ 3 \\ \hline \end{array}$ $\begin{array}{r} 2 \\ + \ 4 \\ \hline \end{array}$ $\begin{array}{r} 1 \\ + \ 5 \\ \hline \end{array}$ $\begin{array}{r} 4 \\ + \ 2 \\ \hline \end{array}$ $\begin{array}{r} 5 \\ + \ 1 \\ \hline \end{array}$

$\begin{array}{r} 2 \\ + \ 1 \\ \hline \end{array}$ $\begin{array}{r} 3 \\ + \ 3 \\ \hline \end{array}$ $\begin{array}{r} 4 \\ + \ 2 \\ \hline \end{array}$ $\begin{array}{r} 3 \\ + \ 2 \\ \hline \end{array}$ $\begin{array}{r} 1 \\ + \ 1 \\ \hline \end{array}$

$\begin{array}{r} 2 \\ + \ 2 \\ \hline \end{array}$ $\begin{array}{r} 5 \\ + \ 1 \\ \hline \end{array}$ $\begin{array}{r} 3 \\ + \ 1 \\ \hline \end{array}$ $\begin{array}{r} 2 \\ + \ 4 \\ \hline \end{array}$ $\begin{array}{r} 3 \\ + \ 3 \\ \hline \end{array}$

Proporcione material concreto para que los niños resuelvan las sumas.

Propone, de manera colaborativa, formas de resolver situaciones cotidianas e imaginarias que involucran acciones de agregar, juntar, quitar, separar, comparar e igualar cantidades. A NA

Resta

¿Cuántos quedan? Sólo necesitas contar el total de los insectos en cada caso y quitar los que están fuera de ella. Anota el resultado en el cuadro, como en el ejemplo.

Ejemplo:

$6 - 1 = \boxed{5}$

$6 - 2 = \square$

$6 - 3 = \square$

$6 - 4 = \square$

$6 - 5 = \square$

$6 - 6 = \square$

Propone, de manera colaborativa, formas de resolver situaciones cotidianas e imaginarias que involucran acciones de agregar, juntar, quitar, separar, comparar e igualar cantidades. A NA

Resta

Resuelve las restas.

$$\begin{array}{r} 5 \\ -\ 2 \\ \hline \end{array} \quad \begin{array}{r} 6 \\ -\ 3 \\ \hline \end{array} \quad \begin{array}{r} 4 \\ -\ 1 \\ \hline \end{array} \quad \begin{array}{r} 6 \\ -\ 4 \\ \hline \end{array} \quad \begin{array}{r} 3 \\ -\ 2 \\ \hline \end{array}$$

$$\begin{array}{r} 4 \\ -\ 2 \\ \hline \end{array} \quad \begin{array}{r} 1 \\ -\ 1 \\ \hline \end{array} \quad \begin{array}{r} 2 \\ -\ 1 \\ \hline \end{array} \quad \begin{array}{r} 5 \\ -\ 4 \\ \hline \end{array} \quad \begin{array}{r} 6 \\ -\ 1 \\ \hline \end{array}$$

$5 - 4 =$ $\qquad$ $6 - 2 =$

$4 - 3 =$ $\qquad$ $5 - 1 =$

$6 - 3 =$ $\qquad$ $4 - 2 =$

$2 - 1 =$ $\qquad$ $3 - 3 =$

$3 - 2 =$ $\qquad$ $6 - 1 =$

Proporcione material concreto para que los niños resuelvan las sumas.

Propone, de manera colaborativa, formas de resolver situaciones cotidianas e imaginarias que involucran acciones de agregar, juntar, quitar, separar, comparar e igualar cantidades. A NA

Resta

Relaciona con una línea las restas que den como resultado el número del centro. Observa el ejemplo. Explica en qué te fijaste para hacerlo.

Ejemplo:

Repasen el concepto de suma mediante ejercicios colectivos.

Propone, de manera colaborativa, formas de resolver situaciones cotidianas e imaginarias que involucran acciones de agregar, juntar, quitar, separar, comparar e igualar cantidades. A NA

Seriación

Completa las series (creciente y decreciente) con los números que faltan. Fíjate en el ejemplo.

Ejemplo:

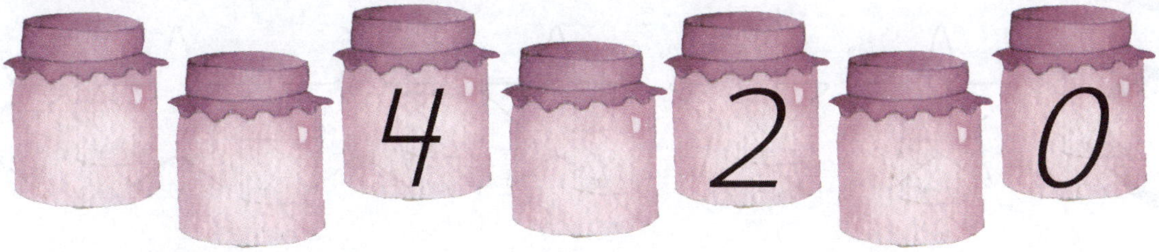

Que realicen seriaciones tanto crecientes como decrecientes con palitos de diferentes tamaños en el salón de clases.

Propone, de manera colaborativa, formas de resolver situaciones cotidianas e imaginarias que involucran acciones de agregar, juntar, quitar, separar, comparar e igualar cantidades. A NA

Números del 0 al 6

Colorea tantas estrellas como indica cada número.

1

4

2

0

3

6

Cuenta objetos y elementos de su entorno en su lengua materna con diversos propósitos. A NA

Número 7

Haz 7 dibujos para cada número que no los tenga. Al terminar, colorea todo.

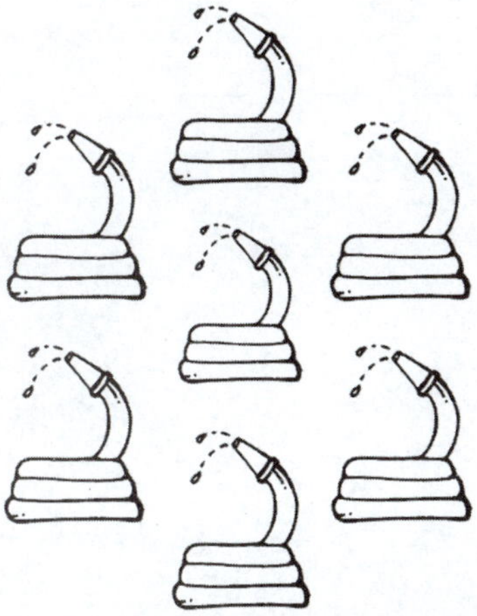

= 7

= 7

= 7

= 7

= 7

= 7

Presente el número 7 acompañado de siete objetos. Cuenten hasta 7.

Representa cantidades, con dibujos, símbolos personales y numerales e interpreta los registros de sus pares. A NA

Número 7

Remarca varias veces con tus colores el número 7. Repite su nombre en voz alta y después trázalo en el aire.

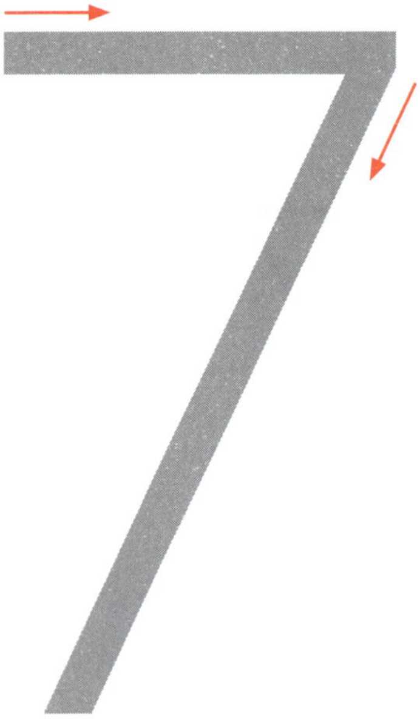

Escribe el número 7 en cada cuadro. Repasa los que están punteados.

Que repitan el ejercicio las veces que sea necesario.

Cuenta objetos y elementos de su entorno en su lengua materna con diversos propósitos. A NA

Números del 4 al 7

Une cada conjunto con el número que le corresponde. ¿Cuál tiene más? ¿Cuál tiene menos? ¿Cuáles tienen la misma cantidad?

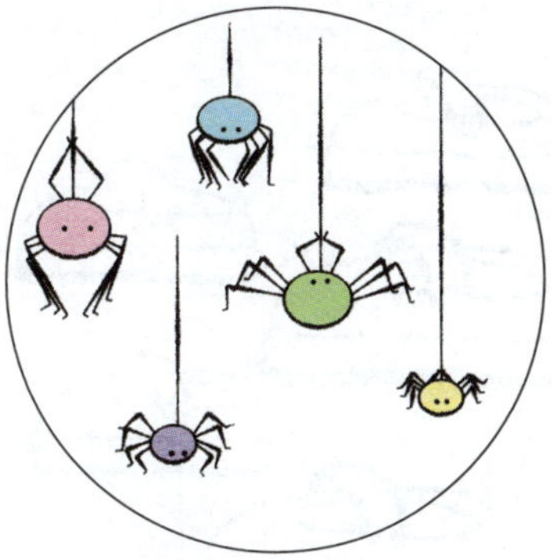

7

6

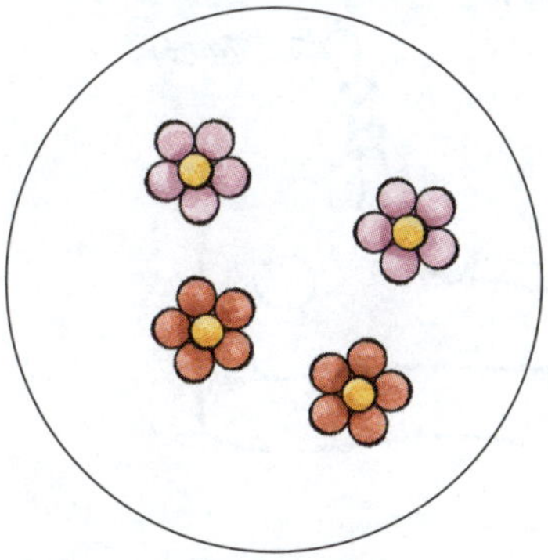

5

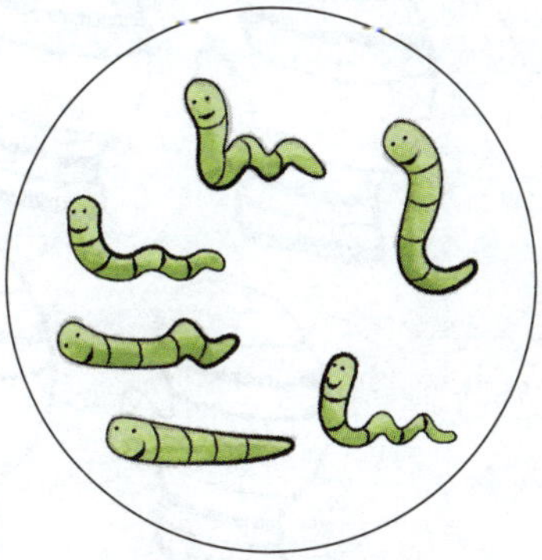

4

Construye colecciones y las compara mediante distintas estrategias para determinar cuál tiene más o menos elementos. A NA

Números del 1 al 7

¿Qué número le corresponderá a cada agrupamiento? Búscalo y relaciona con una línea; después, colorea todo.

5	4	6	1	3	2

Cuenta objetos y elementos de su entorno en su lengua materna con diversos propósitos. A NA

Suma

Escribe en el recuadro el resultado de cada suma, como en el ejemplo.
Comenta qué hiciste para resolverlo.

Ejemplo:

$$\begin{array}{r} 6 \\ +\ 1 \\ \hline 7 \end{array}$$

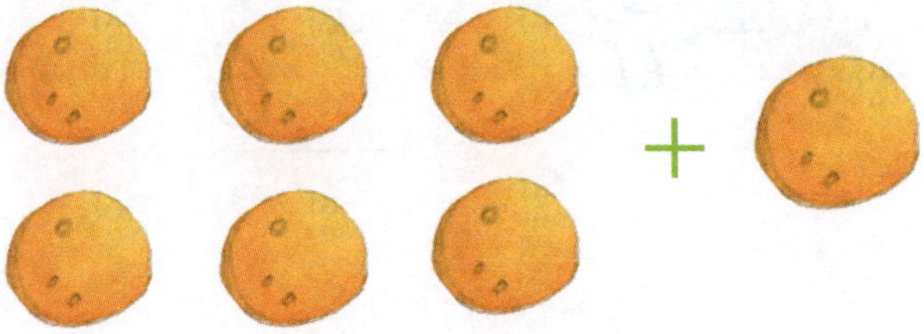

6 + 1 = 7

$$\begin{array}{r} 5 \\ +\ 2 \\ \hline \square \end{array}$$

☐ + ☐ = ☐

$$\begin{array}{r} 4 \\ +\ 3 \\ \hline \square \end{array}$$

☐ + ☐ = ☐

$$\begin{array}{r} 3 \\ +\ 4 \\ \hline \square \end{array}$$

☐ + ☐ = ☐

$$\begin{array}{r} 2 \\ +\ 5 \\ \hline \square \end{array}$$

☐ + ☐ = ☐

$$\begin{array}{r} 1 \\ +\ 6 \\ \hline \square \end{array}$$

☐ + ☐ = ☐

Que resuelvan sumas utilizando diversos materiales.

Propone, de manera colaborativa, formas de resolver situaciones cotidianas e imaginarias que involucran acciones de agregar, juntar, quitar, separar, comparar e igualar cantidades. A NA

Suma

Resuelve las sumas.

$\begin{array}{r} 4 \\ +\ 2 \\ \hline \end{array}$	$\begin{array}{r} 2 \\ +\ 3 \\ \hline \end{array}$	$\begin{array}{r} 3 \\ +\ 4 \\ \hline \end{array}$	$\begin{array}{r} 1 \\ +\ 6 \\ \hline \end{array}$	$\begin{array}{r} 7 \\ +\ 0 \\ \hline \end{array}$
$\begin{array}{r} 1 \\ +\ 6 \\ \hline \end{array}$	$\begin{array}{r} 5 \\ +\ 2 \\ \hline \end{array}$	$\begin{array}{r} 4 \\ +\ 3 \\ \hline \end{array}$	$\begin{array}{r} 0 \\ +\ 7 \\ \hline \end{array}$	$\begin{array}{r} 6 \\ +\ 1 \\ \hline \end{array}$
$\begin{array}{r} 6 \\ +\ 1 \\ \hline \end{array}$	$\begin{array}{r} 5 \\ +\ 2 \\ \hline \end{array}$	$\begin{array}{r} 3 \\ +\ 3 \\ \hline \end{array}$	$\begin{array}{r} 2 \\ +\ 2 \\ \hline \end{array}$	$\begin{array}{r} 2 \\ +\ 4 \\ \hline \end{array}$
$\begin{array}{r} 3 \\ +\ 2 \\ \hline \end{array}$	$\begin{array}{r} 4 \\ +\ 1 \\ \hline \end{array}$	$\begin{array}{r} 3 \\ +\ 1 \\ \hline \end{array}$	$\begin{array}{r} 5 \\ +\ 0 \\ \hline \end{array}$	$\begin{array}{r} 3 \\ +\ 4 \\ \hline \end{array}$

Proporcione material concreto para que los niños resuelvan las sumas.

Propone, de manera colaborativa, formas de resolver situaciones cotidianas e imaginarias que involucran acciones de agregar, juntar, quitar, separar, comparar e igualar cantidades. A NA

Recta numérica

¿Cuántos saltos dio el delfín? Marca en la recta numérica los saltos de los delfines y resuelve las restas, como en el ejemplo.

Ejemplo:

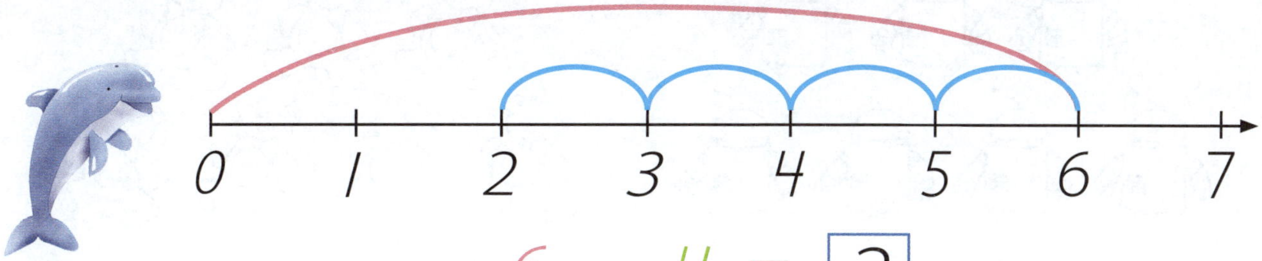

6 − 4 = 2

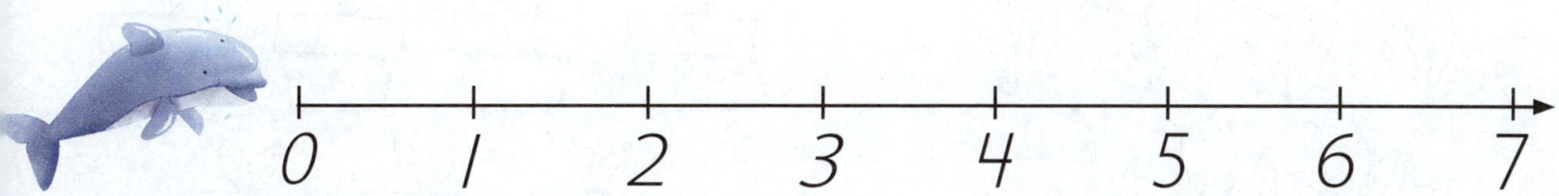

7 − 3 = [ ]

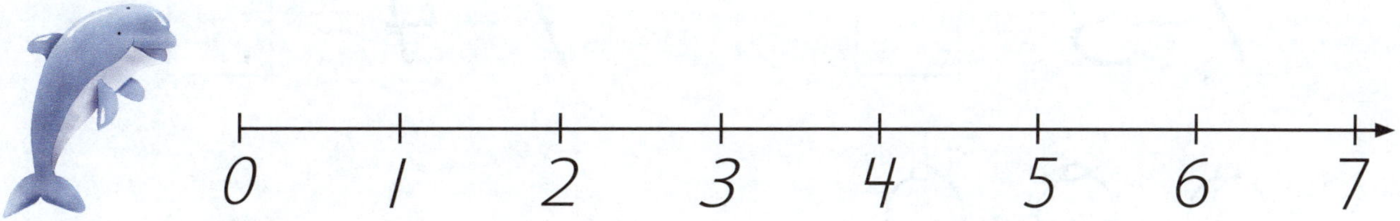

4 − 1 = [ ]

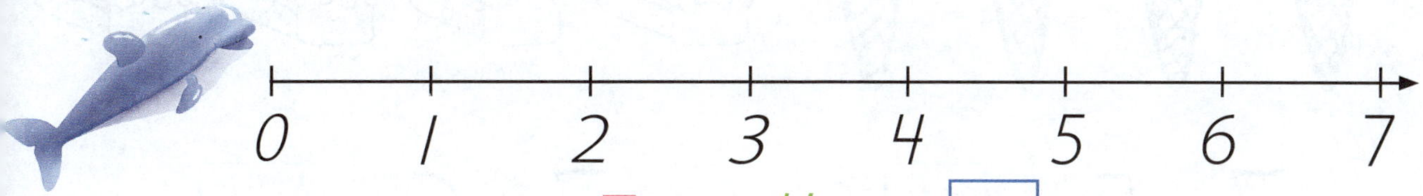

7 − 4 = [ ]

Explique que la recta numérica es otra expresión de la resta.

Propone, de manera colaborativa, formas de resolver situaciones cotidianas e imaginarias que involucran acciones de agregar, juntar, quitar, separar, comparar e igualar cantidades. A NA

Resta

Marca con un ✗ los dibujos que se quitan en cada caso.
Colorea los que se quedan y anota el resultado de la resta.

$7 - 1 = \square$

$7 - 2 = \square$

$7 - 3 = \square$

$7 - 4 = \square$

$7 - 5 = \square$

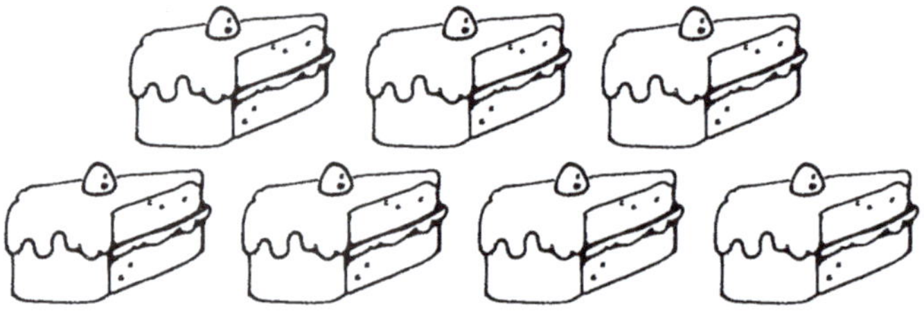

$7 - 6 = \square$

Que resuelvan las restas utilizando diversos materiales.

Propone, de manera colaborativa, formas de resolver situaciones cotidianas e imaginarias que involucran acciones de agregar, juntar, quitar, separar, comparar e igualar cantidades. A NA

Resta

Resuelve las restas.

7	5	4	7	6
− 2	− 3	− 2	− 4	− 1

3	5	7	6	4
− 2	− 2	− 5	− 3	− 1

7	6	5	4	2
− 1	− 3	− 2	− 3	− 1

4	7	3	6	5
− 4	− 6	− 1	− 4	− 4

Proporcione material concreto para que los niños resuelvan las restas.

Propone, de manera colaborativa, formas de resolver situaciones cotidianas e imaginarias que involucran acciones de agregar, juntar, quitar, separar, comparar e igualar cantidades. A NA

Número 8

Haz 8 dibujos para cada número que no los tenga. Colorea todo al terminar.

= 8

= 8

= 8

= 8

Presente el número 8 acompañado de ocho objetos.

Representa cantidades, con dibujos, símbolos personales y numerales e interpreta los registros de sus pares. A NA

Número 8

Remarca varias veces con tus colores el número 8. Dibuja ocho lápices.

Escribe el número 8 en cada cuadro. Repasa los que están punteados.

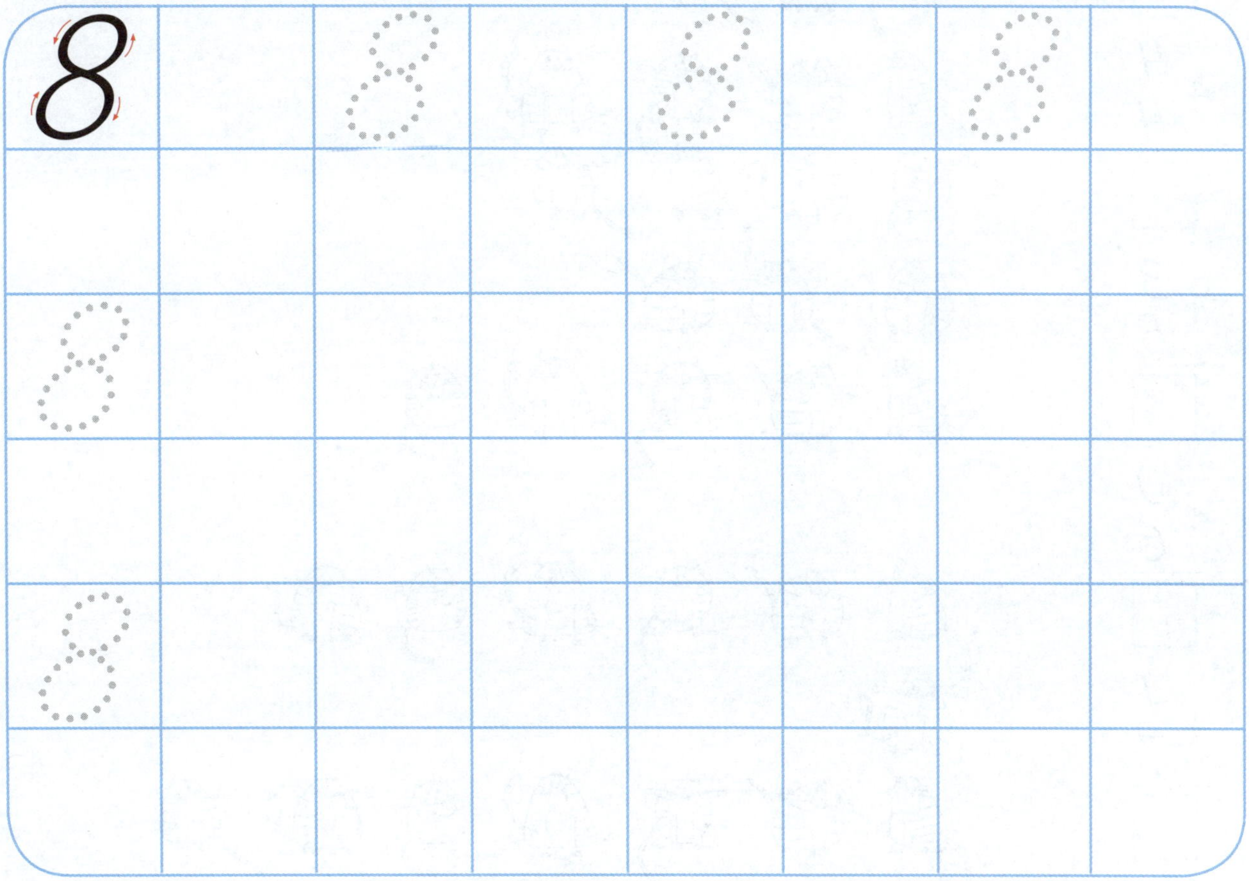

Que repitan el ejercicio las veces que sea necesario.

Cuenta objetos y elementos de su entorno en su lengua materna con diversos propósitos. A NA

Suma

¿Cómo vamos a llegar al resultado? ¡Exacto, sumando! Colorea los gatitos que indiquen el resultado. Observa el ejemplo.

Ejemplo:

$7 + 1 = \boxed{8}$

$6 + 2 = \square$

$5 + 3 = \square$

$4 + 4 = \square$

$3 + 5 = \square$

$0 + 6 = \square$

$1 + 7 = \square$

Propone, de manera colaborativa, formas de resolver situaciones cotidianas e imaginarias que involucran acciones de agregar, juntar, quitar, separar, comparar e igualar cantidades. A NA

Resta

Resuelve las restas y compara tus resultados con los de algún compañero.

$$\begin{array}{r} 8 \\ -\ 2 \\ \hline \end{array} \quad \begin{array}{r} 6 \\ -\ 3 \\ \hline \end{array} \quad \begin{array}{r} 4 \\ -\ 2 \\ \hline \end{array} \quad \begin{array}{r} 5 \\ -\ 1 \\ \hline \end{array} \quad \begin{array}{r} 7 \\ -\ 4 \\ \hline \end{array}$$

$$\begin{array}{r} 3 \\ -\ 1 \\ \hline \end{array} \quad \begin{array}{r} 8 \\ -\ 5 \\ \hline \end{array} \quad \begin{array}{r} 6 \\ -\ 4 \\ \hline \end{array} \quad \begin{array}{r} 8 \\ -\ 4 \\ \hline \end{array} \quad \begin{array}{r} 6 \\ -\ 2 \\ \hline \end{array}$$

$6 - 3 =$ $\qquad$ $4 - 3 =$

$7 - 5 =$ $\qquad$ $7 - 2 =$

$4 - 2 =$ $\qquad$ $8 - 7 =$

$8 - 3 =$ $\qquad$ $2 - 1 =$

$5 - 5 =$ $\qquad$ $3 - 0 =$

Propone, de manera colaborativa, formas de resolver situaciones cotidianas e imaginarias que involucran acciones de agregar, juntar, quitar, separar, comparar e igualar cantidades. A NA

Números del 5 al 8

A cada número le corresponde un color. Resuelve las sumas y pinta como se indica. ¿Qué nombre le pondrías al barco?

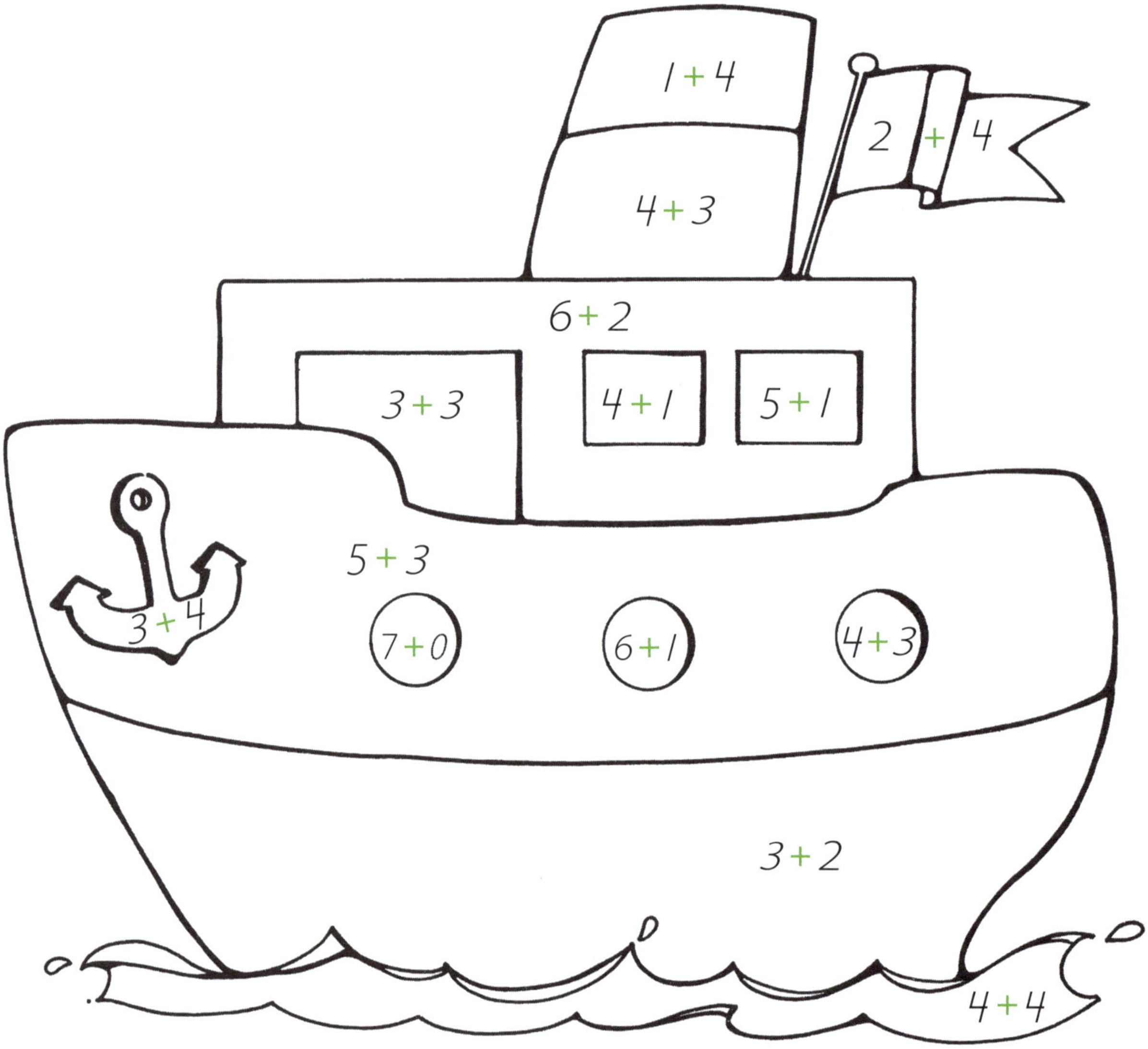

5 6 7 8

Intercambia, con sus pares, saberes numéricos para plantear problemas y encontrar distintas estrategias para resolverlos de formas diversas y equitativas. A NA

Número 9

Haz 9 dibujos para los números que no lo tengan. Colorea todo.

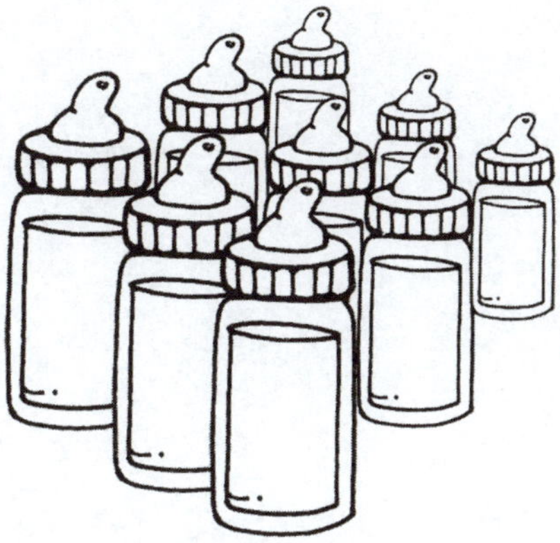

= 9

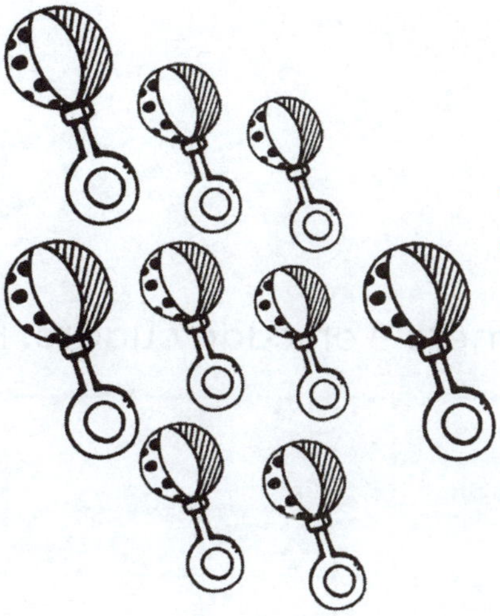

= 9

= 9

= 9

Representa cantidades, con dibujos, símbolos personales y numerales e interpreta los registros de sus pares. A NA

Número 9

Remarca varias veces con tus colores el número 9. Repite en voz alta su nombre y después trázalo en el aire.

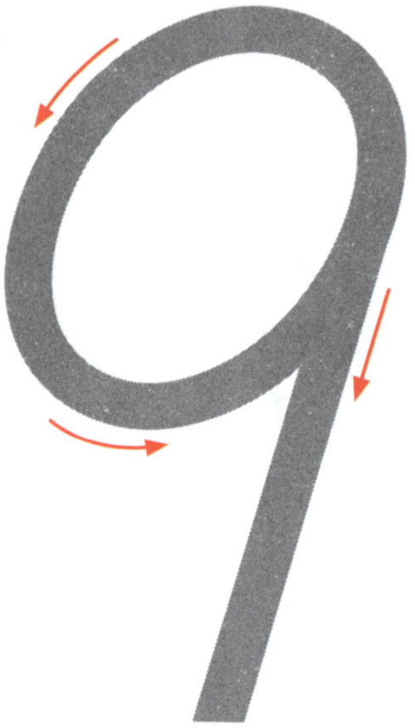

Escribe el número 9 en cada cuadro. Repasa los que están punteados.

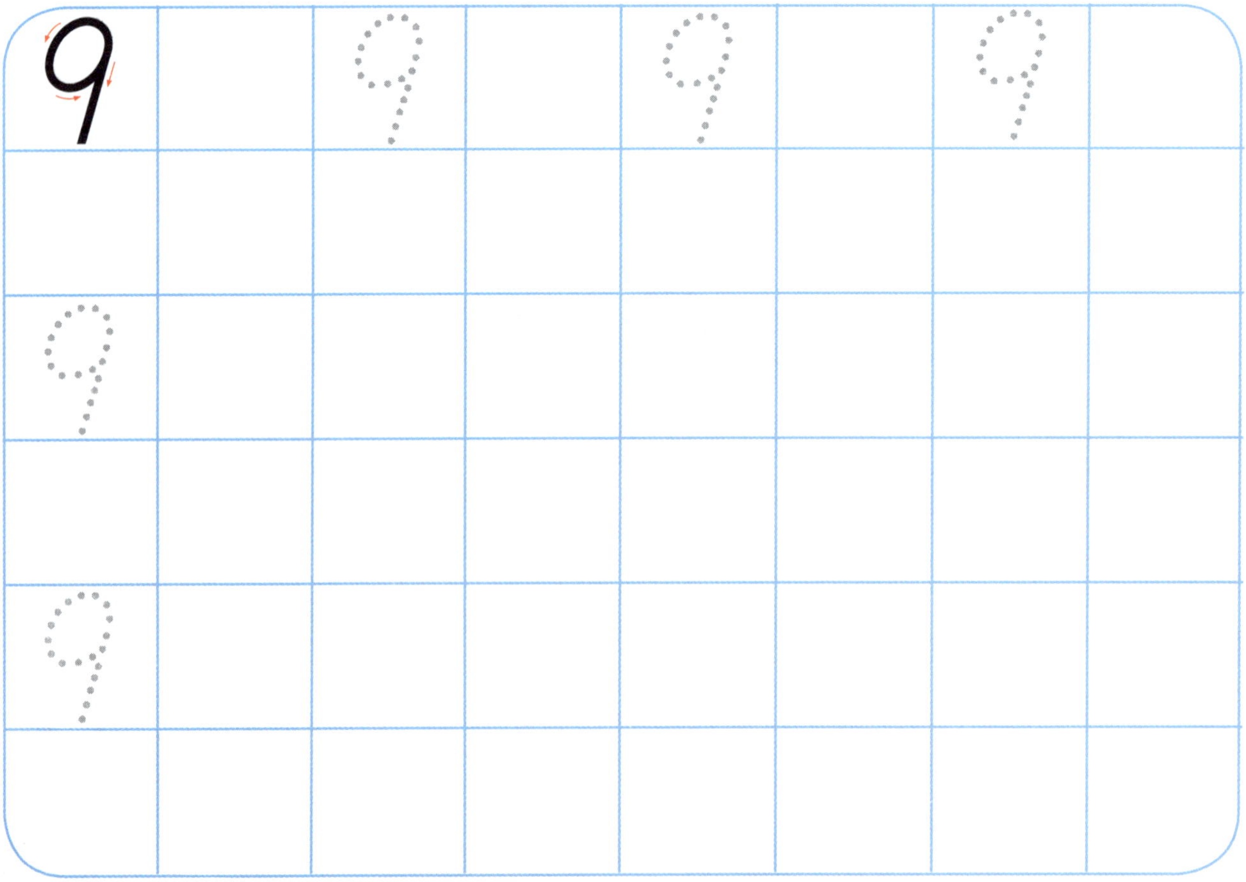

Que repitan el ejercicio las veces que sea necesario.

Cuenta objetos y elementos de su entorno en su lengua materna con diversos propósitos. A NA

Menor que < y > mayor que

Escribe el signo > o <, según corresponda. Explica cómo lo supiste.

Ejemplos:

7	>	3	1	<	9
5	◯	0	7	◯	6
6	◯	9	2	◯	3
3	◯	4	9	◯	6
8	◯	5	1	◯	3
4	◯	1	0	◯	6
8	◯	3	3	◯	7
7	◯	0	6	◯	7
2	◯	9	5	◯	2
5	◯	4	2	◯	1

Explíqueles que la parte abierta del signo < señala el número mayor.

Construye colecciones y las compara mediante distintas estrategias para determinar cuál tiene más o menos elementos. A NA

Números del 0 al 9

Escribe el número de puntos con color que hay en cada ficha y colorea la cantidad de puntos que indica cada número.

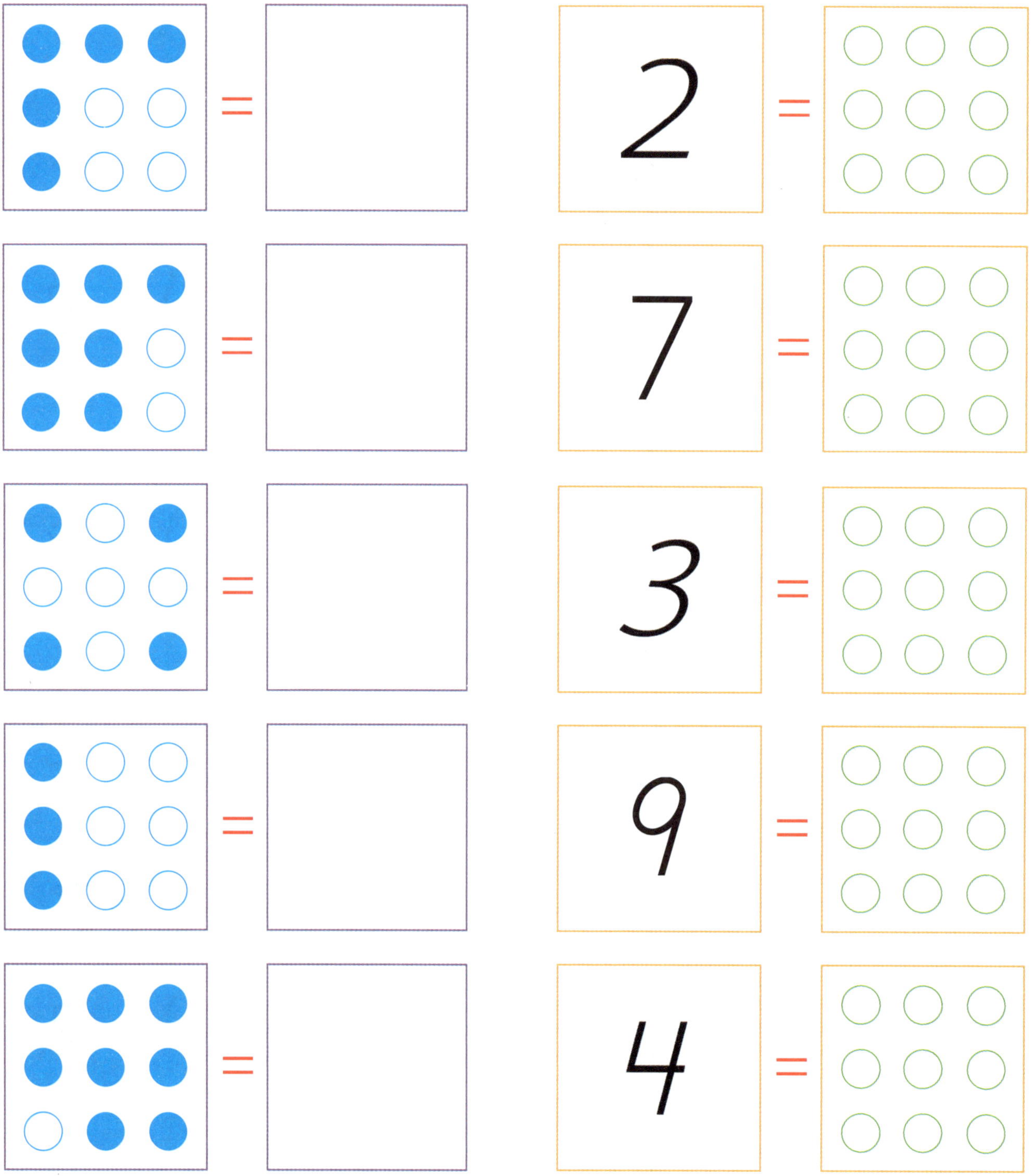

Representa cantidades, con dibujos, símbolos personales y numerales e interpreta los registros de sus pares. A NA

Conteo

¿Cuántos dibujos hay? Anota el número al lado del signo =.
Después, colorea.

=

=

=

=

=

=

=

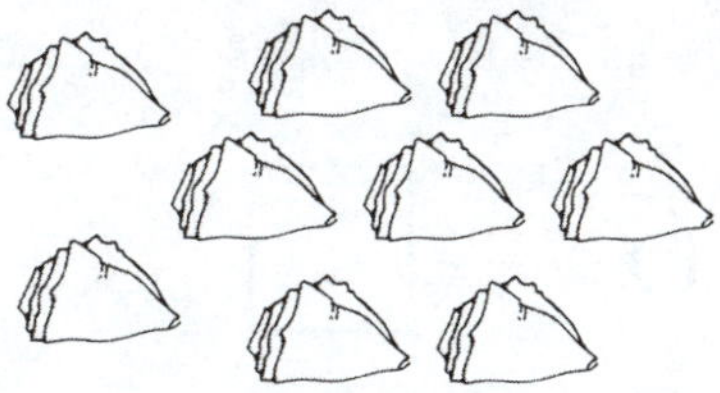

=

=

=

Cuenta objetos y elementos de su entorno en su lengua materna con diversos propósitos. A NA

Resta

Marca con un ✗ los dibujos que se restan y escribe el resultado.
Fíjate en el ejemplo.

Ejemplo:

9 − 2 = 7

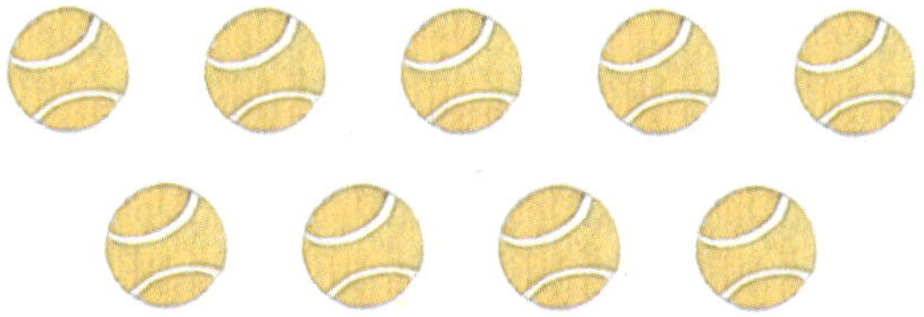

9 − 3 = ☐

9 − 5 = ☐

9 − 4 = ☐

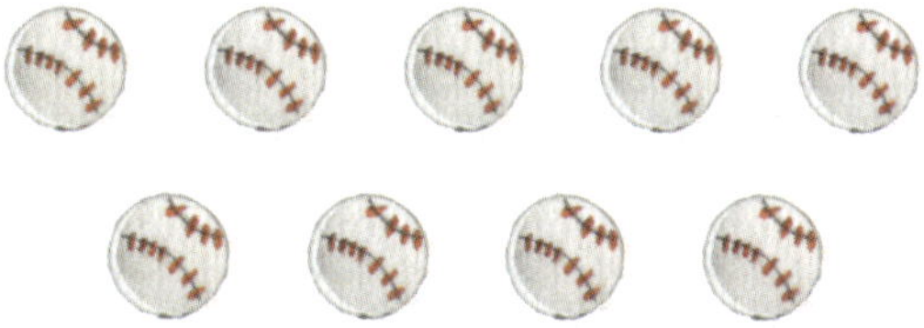

9 − 6 = ☐

9 − 0 = ☐

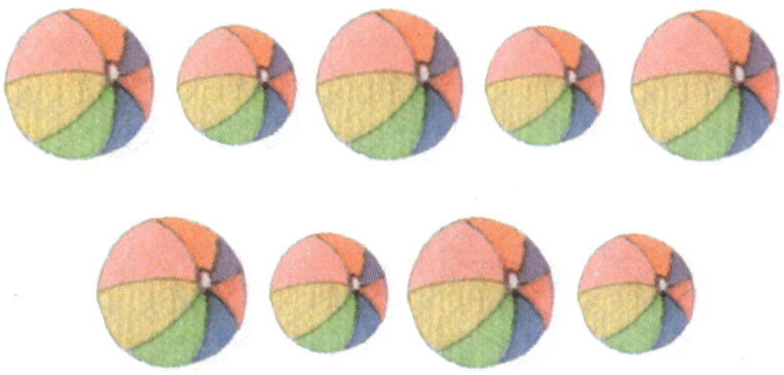

9 − 1 = ☐

9 − 7 = ☐

Propone, de manera colaborativa, formas de resolver situaciones cotidianas e imaginarias que involucran acciones de agregar, juntar, quitar, separar, comparar e igualar cantidades. A NA

Números del 1 al 9

Cada maceta debe tener el número de flores que se indica. Dibuja las que hagan falta.

Ejemplo:

Representa cantidades, con dibujos, símbolos personales y numerales e interpreta los registros de sus pares. A NA

Suma

¿Cuál será el resultado? Suma en cada caso y lo descubrirás.

7	8	4	2	3
+ 2	+ 1	+ 5	+ □	+ 6
			9	

□	6	1	9	2
+ 4	+ 3	+ 8	+ 0	+ 7
9				

6	4	6	5	3
+ 3	+ 1	+ 2	+ 4	+ 2

4	5	□	5	7
+ 3	+ 2	+ 4	+ 1	+ 2
		8		

Que resuelvan las sumas con material concreto.

Propone, de manera colaborativa, formas de resolver situaciones cotidianas e imaginarias que involucran acciones de agregar, juntar, quitar, separar, comparar e igualar cantidades. A NA

Seriación

¿Qué números faltan? Escríbelos para completar cada serie.
Comenta en qué son diferentes.

Que realicen ejercicios de seriación creciente y decreciente en el salón de clases.

Propone, de manera colaborativa, formas de resolver situaciones cotidianas e imaginarias que involucran acciones de agregar, juntar, quitar, separar, comparar e igualar cantidades. A NA

Problema

Resuelve el problema.

El pastelero horneó 2 pasteles de fresa.

Después horneó 7 pasteles de zanahoria.

¿Cuántos pasteles horneó en total?

☐ + ☐ = ☐

Intercambia, con sus pares, saberes numéricos para plantear problemas y encontrar distintas estrategias para resolverlos de formas diversas y equitativas. A NA

Números del 1 al 9

¿Qué número le corresponde a cada agrupamiento? Búscalo y relaciónalo con una línea. Colorea todo.

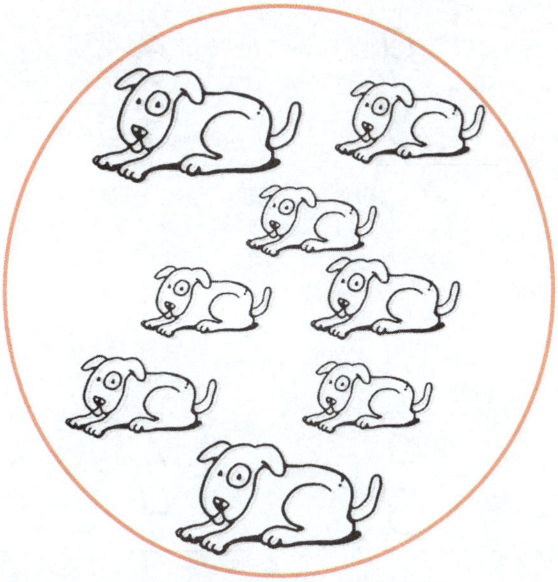

7 6 5 8 3 2

Cuenta objetos y elementos de su entorno en su lengua materna con diversos propósitos. A NA

Resta

Resuelve las restas.

$$\begin{array}{r} 9 \\ -\ 8 \\ \hline \end{array} \quad \begin{array}{r} 6 \\ -\ 3 \\ \hline \end{array} \quad \begin{array}{r} 4 \\ -\ 1 \\ \hline \end{array} \quad \begin{array}{r} 3 \\ -\ 2 \\ \hline \end{array} \quad \begin{array}{r} 2 \\ -\ 2 \\ \hline \end{array}$$

$$\begin{array}{r} 8 \\ -\ 3 \\ \hline \end{array} \quad \begin{array}{r} 7 \\ -\ 4 \\ \hline \end{array} \quad \begin{array}{r} 9 \\ -\ 6 \\ \hline \end{array} \quad \begin{array}{r} 5 \\ -\ 3 \\ \hline \end{array} \quad \begin{array}{r} 7 \\ -\ 5 \\ \hline \end{array}$$

$9 - 7 =$ $\quad$ $8 - 6 =$

$4 - 2 =$ $\quad$ $5 - 1 =$

$5 - 5 =$ $\quad$ $3 - 2 =$

$4 - 1 =$ $\quad$ $8 - 7 =$

$3 - 0 =$ $\quad$ $2 - 1 =$

Proporcione material concreto para que los niños resuelvan las restas.

Propone, de manera colaborativa, formas de resolver situaciones cotidianas e imaginarias que involucran acciones de agregar, juntar, quitar, separar, comparar e igualar cantidades. A NA

Números del 1 al 9

A cada número le toca un color. Resuelve las sumas y restas, y pinta como se indica, según el resultado. Explica cómo lo supiste.

5 − 4 =	1 + 3 =	9 − 2 =
4 − 2 =	1 + 4 =	4 + 4 =
2 + 1 =	3 + 3 =	6 + 3 =

Intercambia, con sus pares, saberes numéricos para plantear problemas y encontrar distintas estrategias para resolverlos de formas diversas y equitativas. A NA

Número 10

Colorea 10 elementos en cada caso y haz 10 dibujos donde haga falta.

= 10

= 10

= 10

= 10

Que repitan el ejercicio las veces que sea necesario.

Representa cantidades, con dibujos, símbolos personales y numerales e interpreta los registros de sus pares. A NA

Números del 1 al 10

Escribe los números en cada cuadro.

1 - 2 - 3 - 4 - 5 - 6 - 7 - 8 - 9 - 10

10 - 9 - 8 - 7 - 6 - 5 - 4 - 3 - 2 - 1

Que repitan el ejercicio las veces que sea necesario.

Propone, de manera colaborativa, formas de resolver situaciones cotidianas e imaginarias que involucran acciones de agregar, juntar, quitar, separar, comparar e igualar cantidades. A NA

Recta numérica

¿Cuántos brincos dio el conejo? Resuelve la suma y márcalos en la recta numérica. Observa el ejemplo.

Ejemplo:

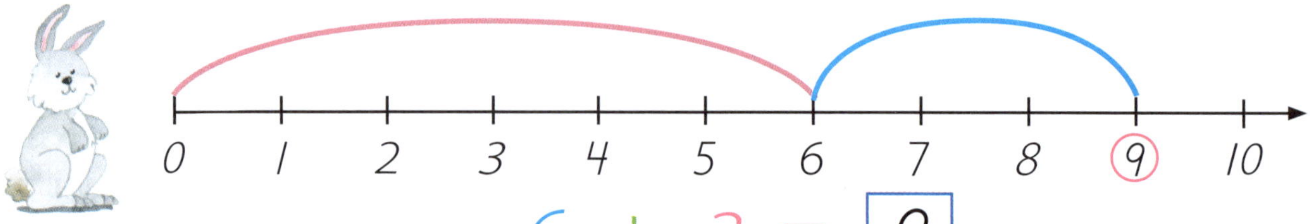

6 + 3 = 9

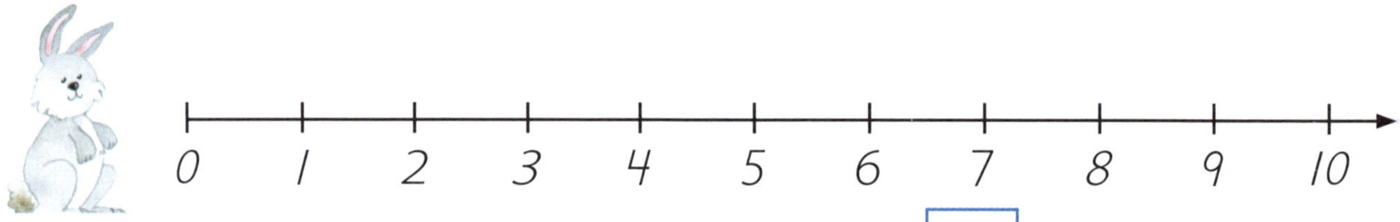

2 + 8 = ☐

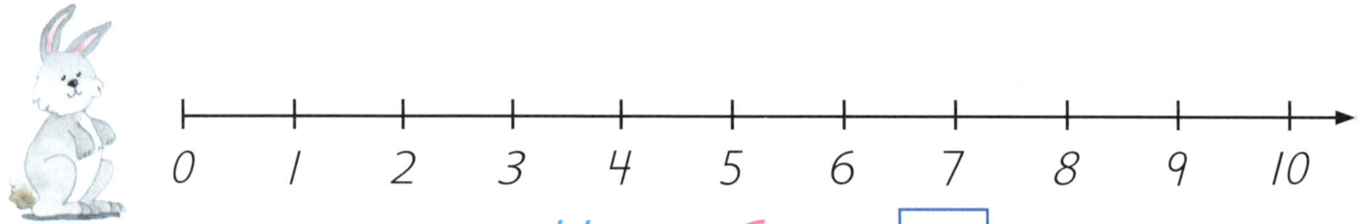

4 + 6 = ☐

1 + 9 = ☐

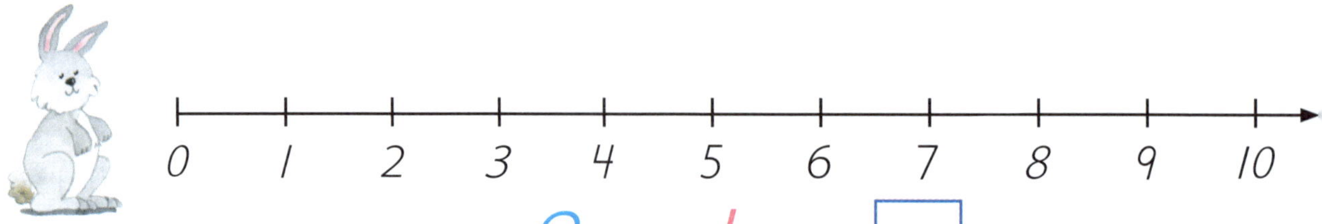

8 + 1 = ☐

Propone, de manera colaborativa, formas de resolver situaciones cotidianas e imaginarias que involucran acciones de agregar, juntar, quitar, separar, comparar e igualar cantidades. A NA

Suma

Resuelve las sumas.

$9 + 1$	$7 + 3$	$4 + \square = 10$	$1 + 9$	$6 + 4$
$3 + 7$	$\square + 8 = 10$	$7 + 3$	$8 + 2$	$5 + 5$
$6 + 3$	$4 + 2$	$9 + 1$	$5 + 3$	$3 + \square = 7$
$\square + 1 = 3$	$7 + 3$	$1 + 8$	$4 + 5$	$5 + 5$

Que resuelvan las sumas con material concreto.

Propone, de manera colaborativa, formas de resolver situaciones cotidianas e imaginarias que involucran acciones de agregar, juntar, quitar, separar, comparar e igualar cantidades. A NA

Resta

Resuelve las restas.

$10 - 4$	$\square - 6 = 4$	$10 - 3$	$10 - 8$	$10 - 9$

$10 - 1$	$10 - 5$	$10 - 7$	$10 - \square = 8$	$10 - 0$

$8 - 3$	$\square - 4 = 5$	$5 - 2$	$6 - 3$	$7 - 5$

$4 - 2$	$7 - 4$	$9 - 8$	$\square - 5 = 5$	$7 - 6$

Que resuelvan las restas con material concreto.

Propone, de manera colaborativa, formas de resolver situaciones cotidianas e imaginarias que involucran acciones de agregar, juntar, quitar, separar, comparar e igualar cantidades. A NA

Recta numérica

Traza los saltos que la rana dará en la recta numérica y resuelve las sumas.

$$\begin{array}{r} 5 \\ +\ 3 \\ \hline \end{array} \qquad \begin{array}{r} 3 \\ +\ 6 \\ \hline \end{array} \qquad \begin{array}{r} 4 \\ +\ \square \\ \hline 8 \end{array} \qquad \begin{array}{r} 3 \\ +\ 4 \\ \hline \end{array} \qquad \begin{array}{r} 4 \\ +\ 6 \\ \hline \end{array}$$

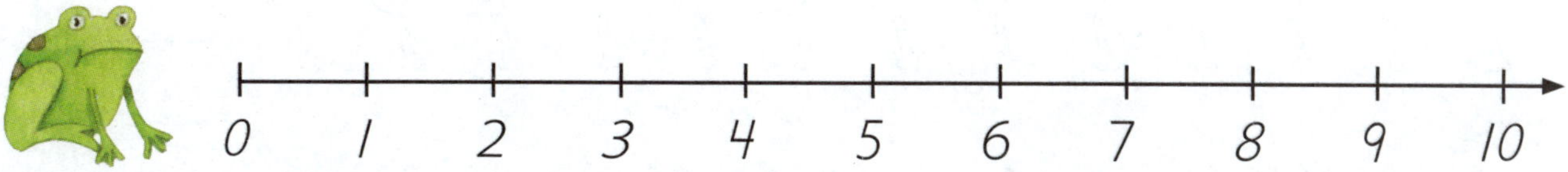

$9 + 1 = \square$

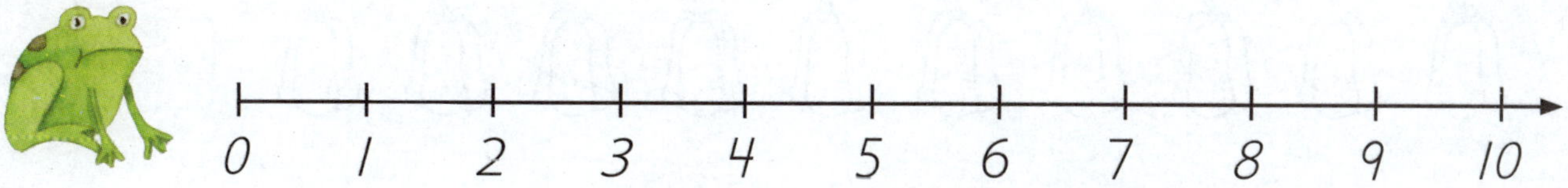

$3 + 7 = \square$

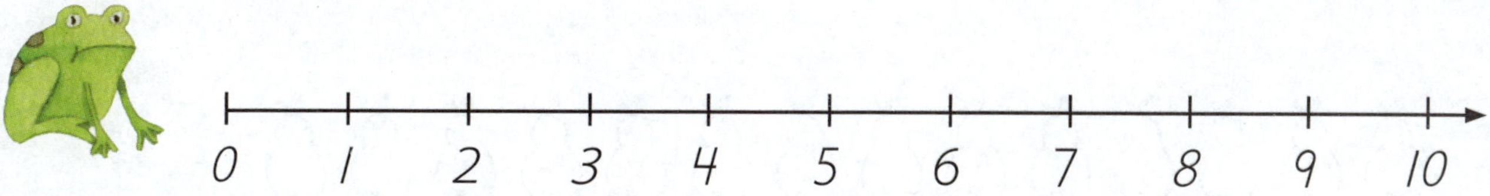

$5 + 5 = \square$

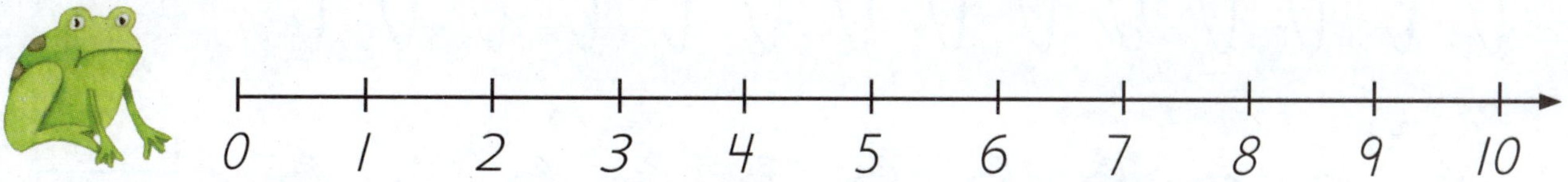

$4 + 6 = \square$

Propone, de manera colaborativa, formas de resolver situaciones cotidianas e imaginarias que involucran acciones de agregar, juntar, quitar, separar, comparar e igualar cantidades. A NA

Unidades – decenas

Encierra 10 dibujos y cuenta los que sobran. Anota las decenas y las unidades sobrantes. Explica cómo relacionas esta actividad con lo que ya aprendiste.

Ejemplo:

D	U
1	2

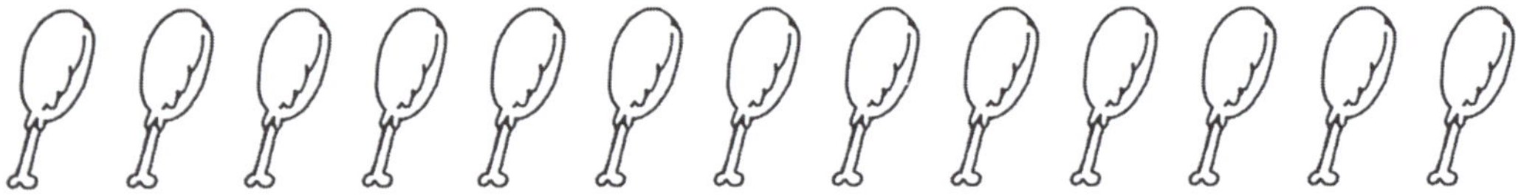

D	U

D	U

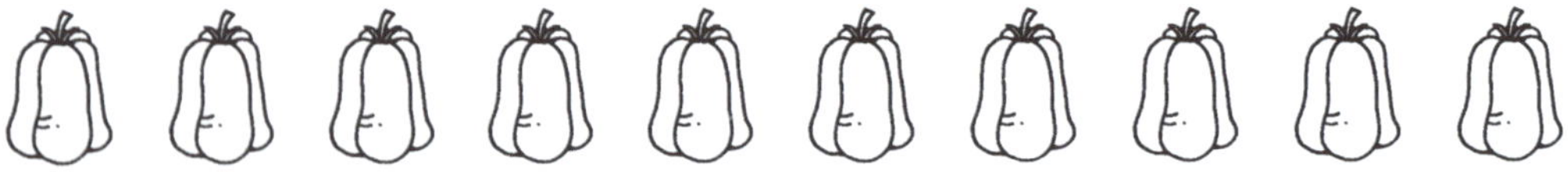

D	U

D	U

D	U

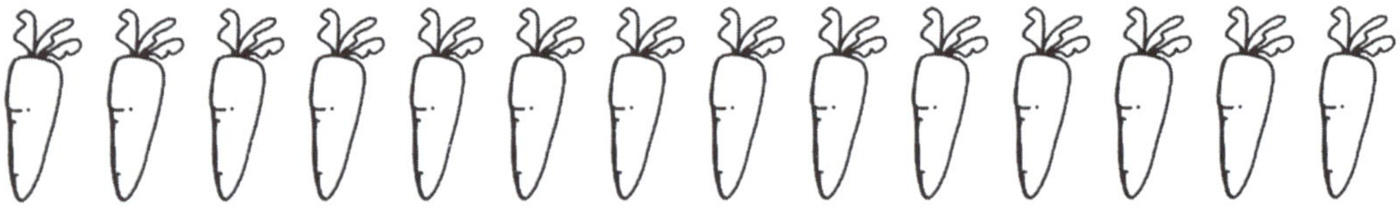

D	U

D	U

Agrupe 10 crayones, gomas, lápices, palitos. Indíqueles que 10 objetos son una decena y los sobrantes, unidades.

Representa cantidades, con dibujos, símbolos personales y numerales e interpreta los registros de sus pares. A NA

Suma

Resuelve las siguientes sumas.

+ ☐
☐
___

+ ☐
☐
___

+ ☐
☐
___

Propone, de manera colaborativa, formas de resolver situaciones cotidianas e imaginarias que involucran acciones de agregar, juntar, quitar, separar, comparar e igualar cantidades. A NA

Número 11

Cuenta y colorea 10 ollas, ¿cuántas unidades quedan? Resuelve la suma y después traza el número 11.

= 11

10 + 1 =

Cuente 10 objetos y agrégueles 1 más.

Cuenta objetos y elementos de su entorno en su lengua materna con diversos propósitos. A NA

Número 12

Cuenta y colorea 10 copas, ¿cuántas unidades quedan? Resuelve la suma y después traza el número 12.

= 12

10 + 2 =

12 12 12 12

12

12

12

Cuente 10 objetos y agrégueles 2 más.

Cuenta objetos y elementos de su entorno en su lengua materna con diversos propósitos. A NA

Número 13

Cuenta y colorea 10 raquetas, ¿cuántas unidades quedan? Resuelve la suma y después traza el número 13.

= 13

10 + 3 =

13 13 13 13

13

13

13

Cuente 10 objetos y agrégueles 3 más.

Cuenta objetos y elementos de su entorno en su lengua materna con diversos propósitos. A NA

Número 14

Cuenta y colorea 10 barcos, ¿cuántas unidades quedan? Resuelve la suma y después traza el número 14.

= 14

10 + 4 =

14 14 14 14

14

14

14

Cuente 10 objetos y agrégueles 4 más.

Cuenta objetos y elementos de su entorno en su lengua materna con diversos propósitos. A NA

Número 15

Cuenta y colorea 10 papalotes; después cuenta las unidades. Resuelve la suma y traza el número 15.

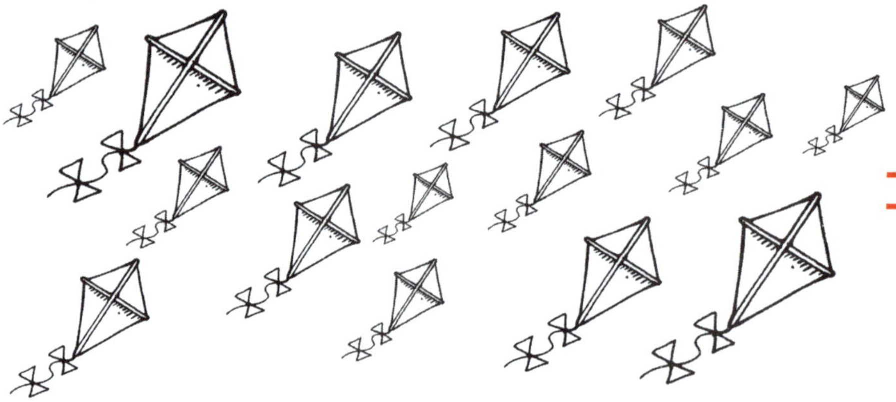

= 15

10 + 5 =

15 15 15 15

15

15

15

Cuente 10 objetos y agrégueles 5 más.

Cuenta objetos y elementos de su entorno en su lengua materna con diversos propósitos. A NA

Suma y seriación

Resuelve las sumas como en el ejemplo. Después completa la serie y colorea a la niña. ¿Cómo crees que se llama?

Ejemplo:

$10 + 1 = 11$

$10 + 2 =$

$10 + 3 =$

$10 + 4 =$

$10 + 0 =$

$10 + 5 =$

Propone, de manera colaborativa, formas de resolver situaciones cotidianas e imaginarias que involucran acciones de agregar, juntar, quitar, separar, comparar e igualar cantidades. A NA

Número 16

Cuenta y colorea 10 peces; también cuenta las unidades. Resuelve la suma y traza el número 16.

= 16

10 + 6 =

16 16 16 16

16

16

16

Cuente 10 objetos y agrégueles 6 más.

Cuenta objetos y elementos de su entorno en su lengua materna con diversos propósitos. A NA

Número 17

Cuenta y colorea 10 donas; también cuenta las unidades. Resuelve la suma y traza el número 17.

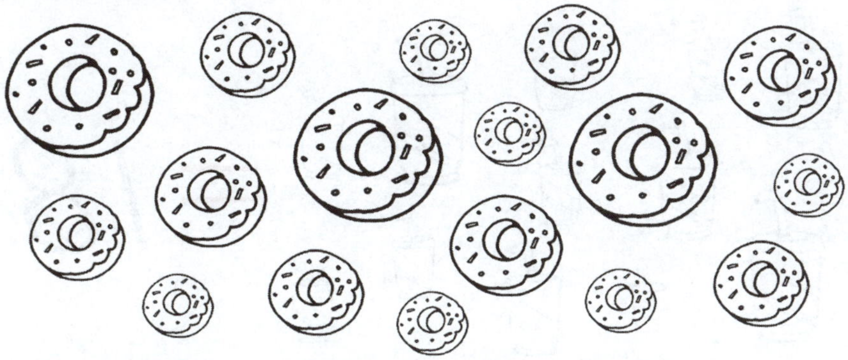

= 17

10 + 7 =

17 17 17 17

17

17

17

Cuente 10 objetos y agrégueles 7 más.

Cuenta objetos y elementos de su entorno en su lengua materna con diversos propósitos. A NA

Número 18

Cuenta y colorea 10 vasos; también cuenta las unidades. Resuelve la suma y traza el número 18.

= 18

10 + 8 =

Cuente 10 objetos y agrégueles 8 más.

Cuenta objetos y elementos de su entorno en su lengua materna con diversos propósitos. A NA

Número 19

Cuenta y colorea 10 rehiletes; también cuenta las unidades. Resuelve la suma y traza el número 19.

= 19

10 + 9 =

19 19 19 19

19

19

19

Cuente 10 objetos y agrégueles 9 más.

Cuenta objetos y elementos de su entorno en su lengua materna con diversos propósitos. A NA

Número 20

Cuenta y colorea dos decenas de patinetas. Resuelve la suma y traza el número 20.

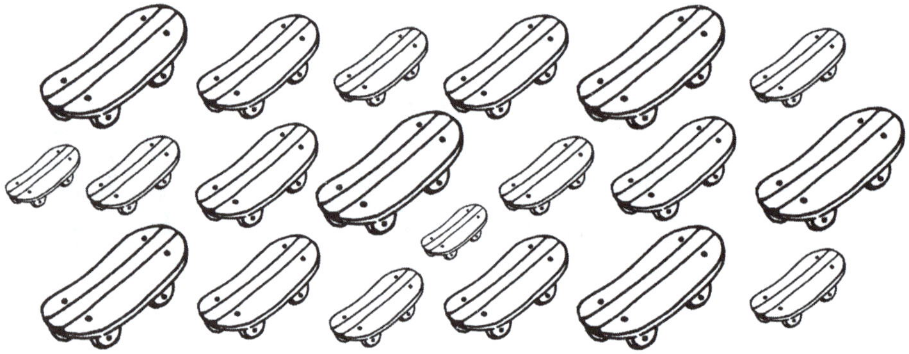

= 20

10 + 10 =

20 20 20 20

20

20

20

Cuente 10 objetos y agrégueles 10 más. Explique que ahora se trata de 2 decenas.

Cuenta objetos y elementos de su entorno en su lengua materna con diversos propósitos. A NA

Seriación

Une con una línea las burbujas del 1 al 20 y colorea de rojo las burbujas que tienen letras.

Propone, de manera colaborativa, formas de resolver situaciones cotidianas e imaginarias que involucran acciones de agregar, juntar, quitar, separar, comparar e igualar cantidades. A NA

Sumas

Resuelve las sumas. Observa los ejemplos.

Ejemplo:

$$\begin{array}{r} 10 \\ +\ 10 \\ \hline 20 \end{array} \quad \begin{array}{r} 10 \\ +\ 1 \\ \hline \end{array} \quad \begin{array}{r} 10 \\ +\ 2 \\ \hline \end{array} \quad \begin{array}{r} 10 \\ +\ 3 \\ \hline \end{array} \quad \begin{array}{r} 10 \\ +\ 8 \\ \hline \end{array}$$

$$\begin{array}{r} 10 \\ +\ 0 \\ \hline \end{array} \quad \begin{array}{r} 10 \\ +\ 5 \\ \hline \end{array} \quad \begin{array}{r} 10 \\ +\ 4 \\ \hline \end{array} \quad \begin{array}{r} 10 \\ +\ 7 \\ \hline \end{array} \quad \begin{array}{r} 10 \\ +\ 9 \\ \hline \end{array} \quad \begin{array}{r} 10 \\ +\ 6 \\ \hline \end{array}$$

Ejemplo:

$6 + 3 = 9$

$16 + 2 =$

$10 + 5 =$

$12 + 8 =$

$13 + 5 =$

$19 + 0 =$

$18 + 1 =$

$17 + 2 =$

$11 + 4 =$

$15 + 2 =$

$17 + 0 =$

Que realicen las sumas con material concreto y con un ábaco.

Propone, de manera colaborativa, formas de resolver situaciones cotidianas e imaginarias que involucran acciones de agregar, juntar, quitar, separar, comparar e igualar cantidades. A NA

Números del 11 al 20

Cuenta las figuras y encierra 10. Escribe las decenas y las unidades que hay. Copia la serie.

		D	U
=	11		
=	12		
=	13		
=	14		
=	15		
=	16		
=	17		
=	18		
=	19		
=	20		

11-12-13-14-15-16-17-18-19-20

Cuenta objetos y elementos de su entorno en su lengua materna con diversos propósitos. A NA

Conteo

Une los puntos del 1 al 20 y descubre qué se forma. Después, colorea.

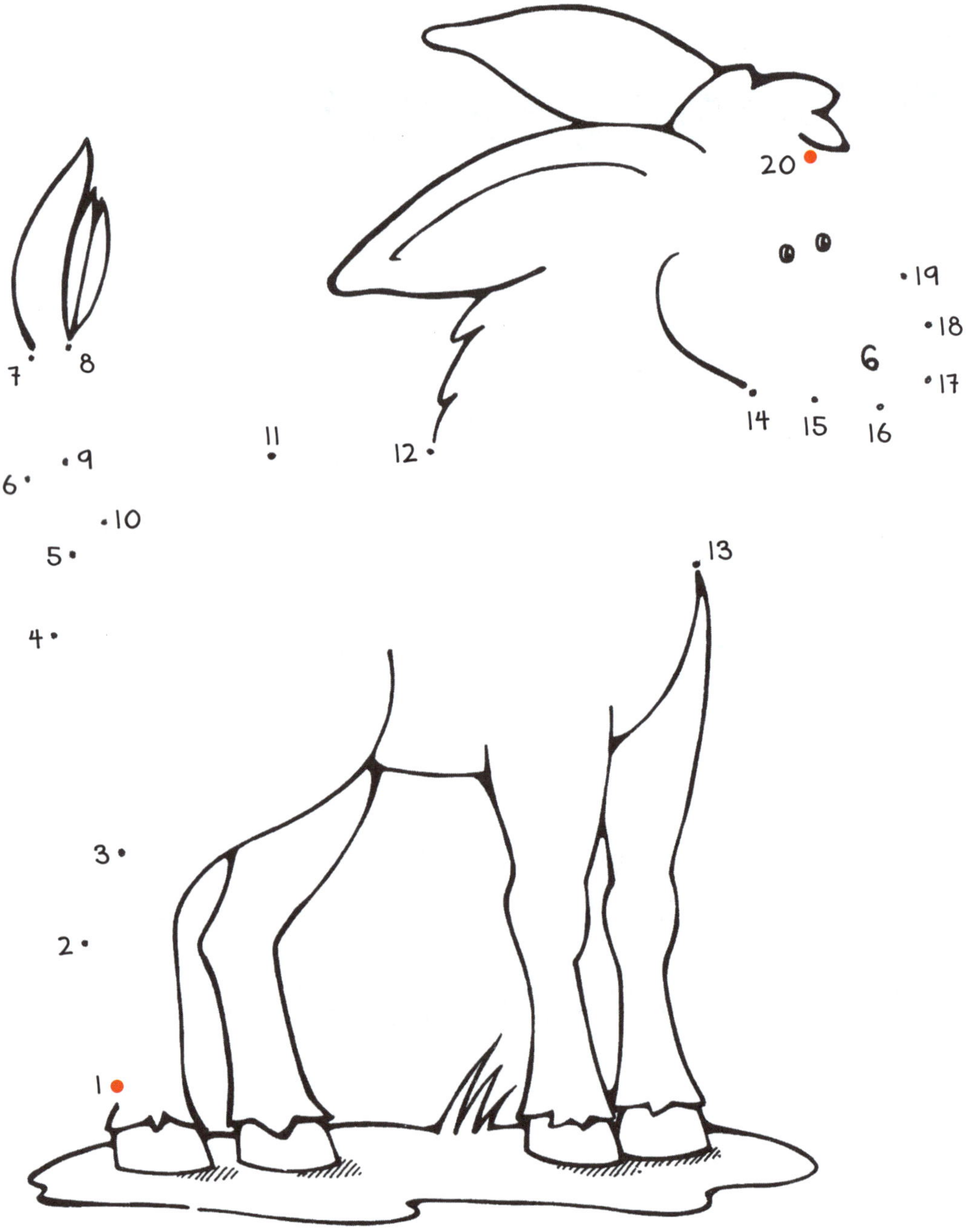

Cuenta objetos y elementos de su entorno en su lengua materna con diversos propósitos. A NA

Restas

Resuelve las restas como en los ejemplos. Comenta para qué crees que te sirva restar.

Ejemplo:

$18 - 3 = 15$

$17 - 0 =$	$14 - 3 =$
$16 - 3 =$	$17 - 5 =$
$15 - 3 =$	$11 - 1 =$
$18 - 6 =$	$15 - 1 =$
$13 - 3 =$	$17 - 6 =$

Ejemplo:

$$\begin{array}{r} 18 \\ -\ 7 \\ \hline 11 \end{array} \qquad \begin{array}{r} 13 \\ -\ 2 \\ \hline \end{array} \qquad \begin{array}{r} 18 \\ -\ 4 \\ \hline \end{array} \qquad \begin{array}{r} 18 \\ -\ 2 \\ \hline \end{array} \qquad \begin{array}{r} 15 \\ -\ 4 \\ \hline \end{array}$$

$$\begin{array}{r} 13 \\ -\ 0 \\ \hline \end{array} \qquad \begin{array}{r} 17 \\ -\ 4 \\ \hline \end{array} \qquad \begin{array}{r} 14 \\ -\ 4 \\ \hline \end{array} \qquad \begin{array}{r} 19 \\ -\ 6 \\ \hline \end{array} \qquad \begin{array}{r} 19 \\ -\ 1 \\ \hline \end{array} \qquad \begin{array}{r} 16 \\ -\ 4 \\ \hline \end{array}$$

Que resuelvan restas con materiales concretos y con un ábaco.

Propone, de manera colaborativa, formas de resolver situaciones cotidianas e imaginarias que involucran acciones de agregar, juntar, quitar, separar, comparar e igualar cantidades. A NA

Menor que, mayor que

Compara los números y escribe > o <. Explica cómo relacionas esta actividad con lo que ya aprendiste.

Ejemplo:

17	<	18	11	☐	20
18	☐	19	20	☐	18
16	☐	19	12	☐	17
15	☐	11	19	☐	15

Escribe las decenas y las unidades que hay, como en el ejemplo.

Ejemplo:

2 decenas 1 unidades 21

____ decenas ____ unidades ☐

____ decenas ____ unidades ☐

____ decenas ____ unidades ☐

Construye colecciones y las compara mediante distintas estrategias para determinar cuál tiene más o menos elementos. A NA

Seriación

Completa las series. ¿Qué te parece si inventas otra serie en tu cuaderno? Compártela con tus compañeros.

Que realicen ejercicios de seriación creciente y decreciente.

Propone, de manera colaborativa, formas de resolver situaciones cotidianas e imaginarias que involucran acciones de agregar, juntar, quitar, separar, comparar e igualar cantidades. A NA

Seriación

Ayuda al payaso a escribir y repasa los números que están punteados.

Completa.

20	21	22	23	24	25	26	27	28
20			23				27	
20		22			25			
20	21		23			26		28
20				24				
20	21							
20		22		24	25		27	28
20								
20								

Propone, de manera colaborativa, formas de resolver situaciones cotidianas e imaginarias que involucran acciones de agregar, juntar, quitar, separar, comparar e igualar cantidades. A NA

Seriación

¿Qué faltará para completar esta serie? ¡Exacto, números! Escríbelos y comenta de qué animal se trata.

Propone, de manera colaborativa, formas de resolver situaciones cotidianas e imaginarias que involucran acciones de agregar, juntar, quitar, separar, comparar e igualar cantidades. A NA

Seriación

Completa la serie del 30 al 59 con los números que faltan.

30	40	50
	41	
		52
33		
	44	
35		
		56
	47	
38		
		59

Propone, de manera colaborativa, formas de resolver situaciones cotidianas e imaginarias que involucran acciones de agregar, juntar, quitar, separar, comparar e igualar cantidades. A NA

Seriación

Ayuda a Pepe a llegar a su casa, sólo tienes que completar la serie con los números que faltan.

Propone, de manera colaborativa, formas de resolver situaciones cotidianas e imaginarias que involucran acciones de agregar, juntar, quitar, separar, comparar e igualar cantidades. A NA

Seriación

Completa la serie del 60 al 100 con los números que faltan.

60	70	80	90
62			92
	73		
		84	
	75		95
66			
		87	
	78		98
69		89	

100

Propone, de manera colaborativa, formas de resolver situaciones cotidianas e imaginarias que involucran acciones de agregar, juntar, quitar, separar, comparar e igualar cantidades. A NA

Menor que, mayor que

Escribe el signo > o <, según corresponda.

24	◯	35	64	◯	50
41	◯	40	29	◯	27
19	◯	18	91	◯	69

Escribe en los ◯ los números para que cada signo sea correcto.

◯	>	◯	◯	<	◯
◯	<	◯	◯	>	◯
◯	<	◯	◯	>	◯

Explique a los niños que la parte abierta del signo < señala el número mayor.

Construye colecciones y las compara mediante distintas estrategias para determinar cuál tiene más o menos elementos. A NA

Seriación

Une los puntos del 1 al 70 y descubre qué se forma. Después, colorea.

Cuenta objetos y elementos de su entorno en su lengua materna con diversos propósitos. A NA

Seriación

Escribe los números que faltan para completar cada serie.

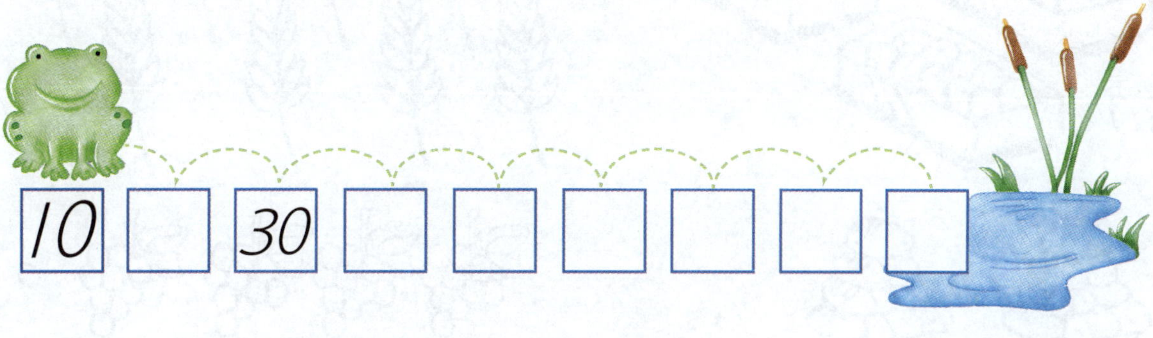

Propone, de manera colaborativa, formas de resolver situaciones cotidianas e imaginarias que involucran acciones de agregar, juntar, quitar, separar, comparar e igualar cantidades. A NA

Decenas

Cuenta de 10 en 10 y colorea. ¿Qué formaste? Coméntalo en clase.

10

60

20

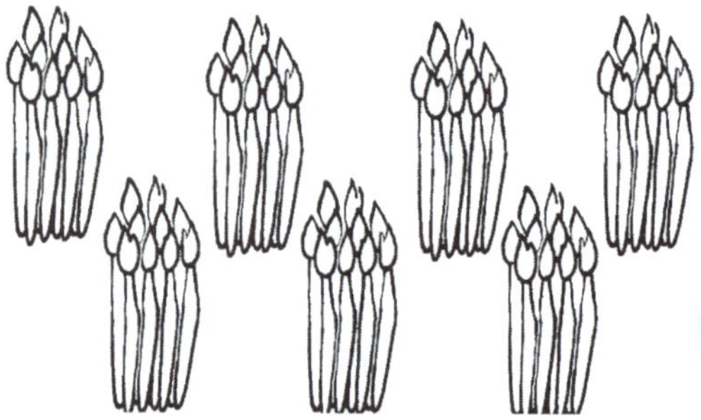

70

30

80

40

90

50

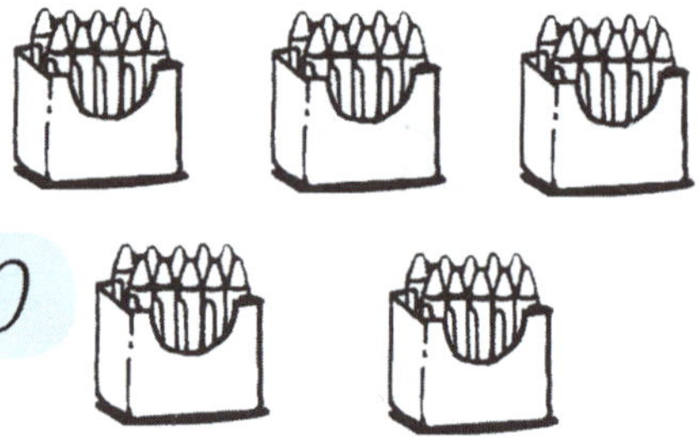

100

Representa cantidades, con dibujos, símbolos personales y numerales e interpreta los registros de sus pares. A NA

Conteo del 1 al 100

Completa la serie del 1 al 100.

1	11				51				91
2									
3									
10									100

Cuenta objetos y elementos de su entorno en su lengua materna con diversos propósitos. A NA

Fracciones

Encierra la naranja entera y marca con un ✗ el pay a la mitad.
Explica cómo lo supiste.

Corte naranjas o manzanas en mitades para explicar el concepto de *medios*.

Mide objetos, áreas o distancias con unidades no convencionales que tiene al alcance y explica por qué son apropiadas; las representa de manera gráfica. A NA

Fracciones

Colorea la mitad del queso, la mitad del chocolate y la mitad del vaso de agua. Comenta qué aprendiste con esta actividad.

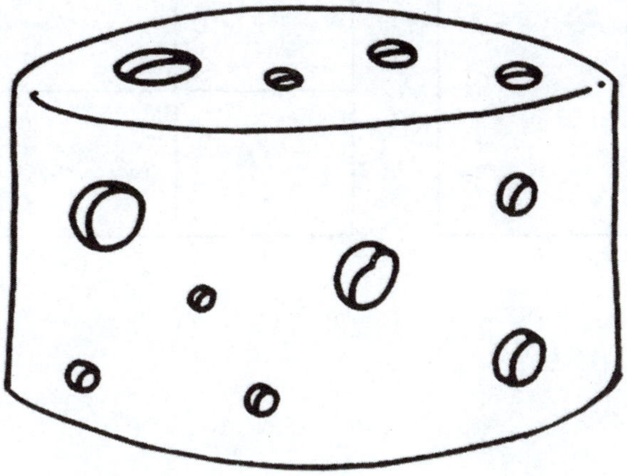

Corte naranjas o manzanas en mitades para explicar el concepto de *medios*.

Mide objetos, áreas o distancias con unidades no convencionales que tiene al alcance y explica por qué son apropiadas; las representa de manera gráfica. A NA

Fracciones

Colorea las figuras que están divididas en tercios. Explica por qué se dice que son tercios.

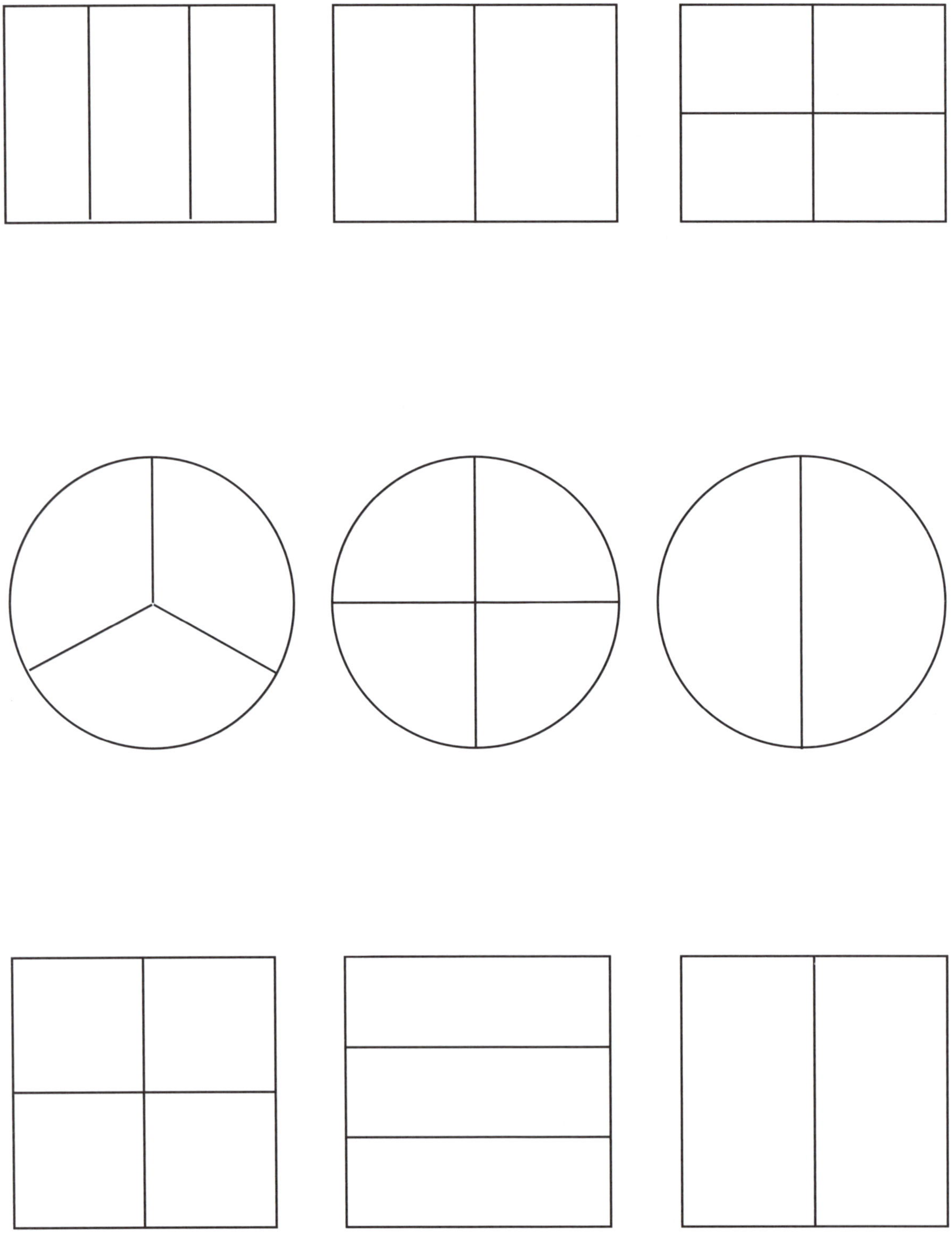

Divida galletas en tres partes para explicar el concepto de *tercios*.

Mide objetos, áreas o distancias con unidades no convencionales que tiene al alcance y explica por qué son apropiadas; las representa de manera gráfica. A NA

Fracciones

Encierra las figuras que están divididas en cuartos. ¿Cómo lo supiste? Compártelo con tus compañeros.

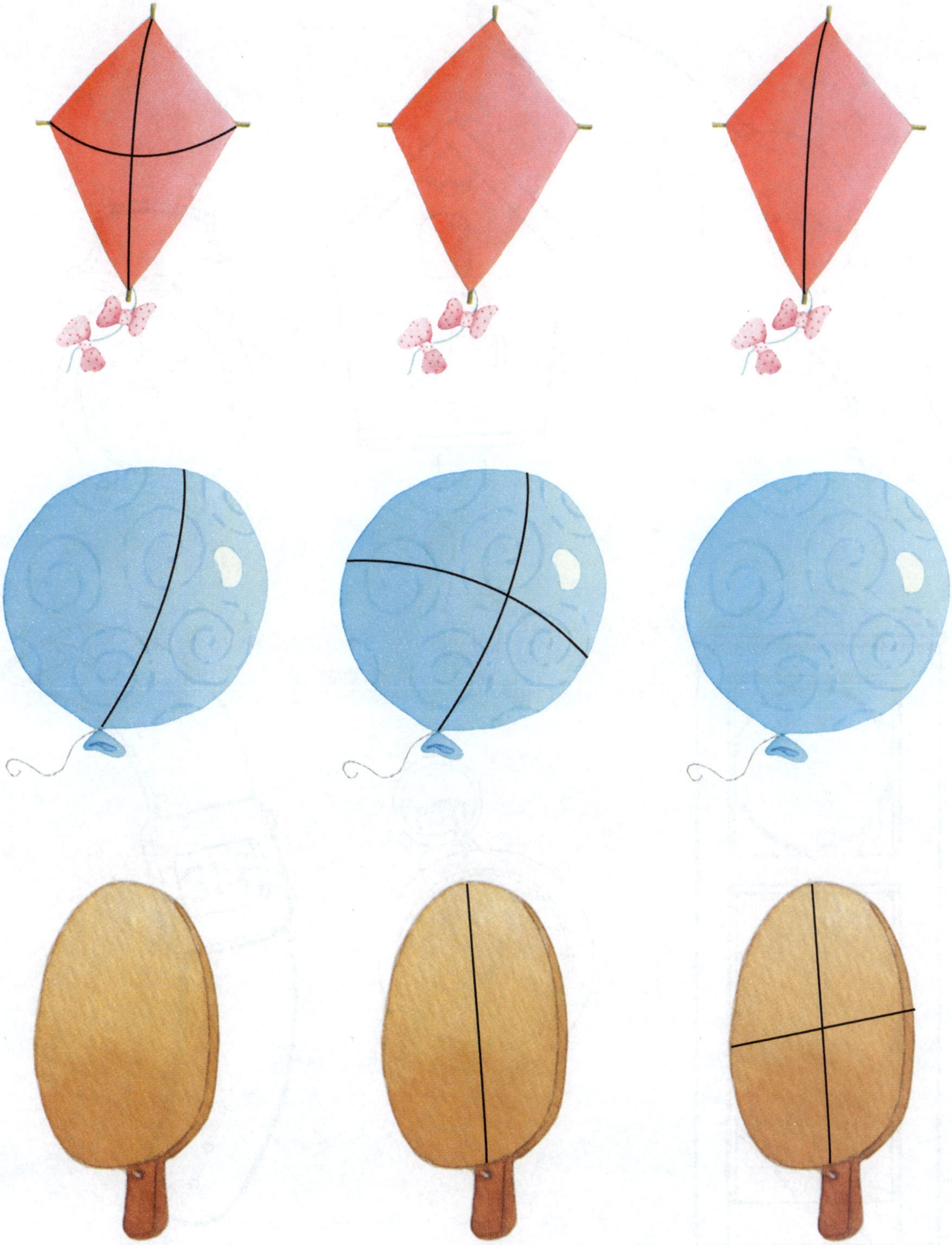

Corte diferentes frutas en cuatro partes para explicar el concepto de *cuartos*.

Mide objetos, áreas o distancias con unidades no convencionales que tiene al alcance y explica por qué son apropiadas; las representa de manera gráfica. A NA

Reloj

Colorea los relojes. ¿En qué se parecen? Arma el reloj de la página 189 y juega a marcar la hora.

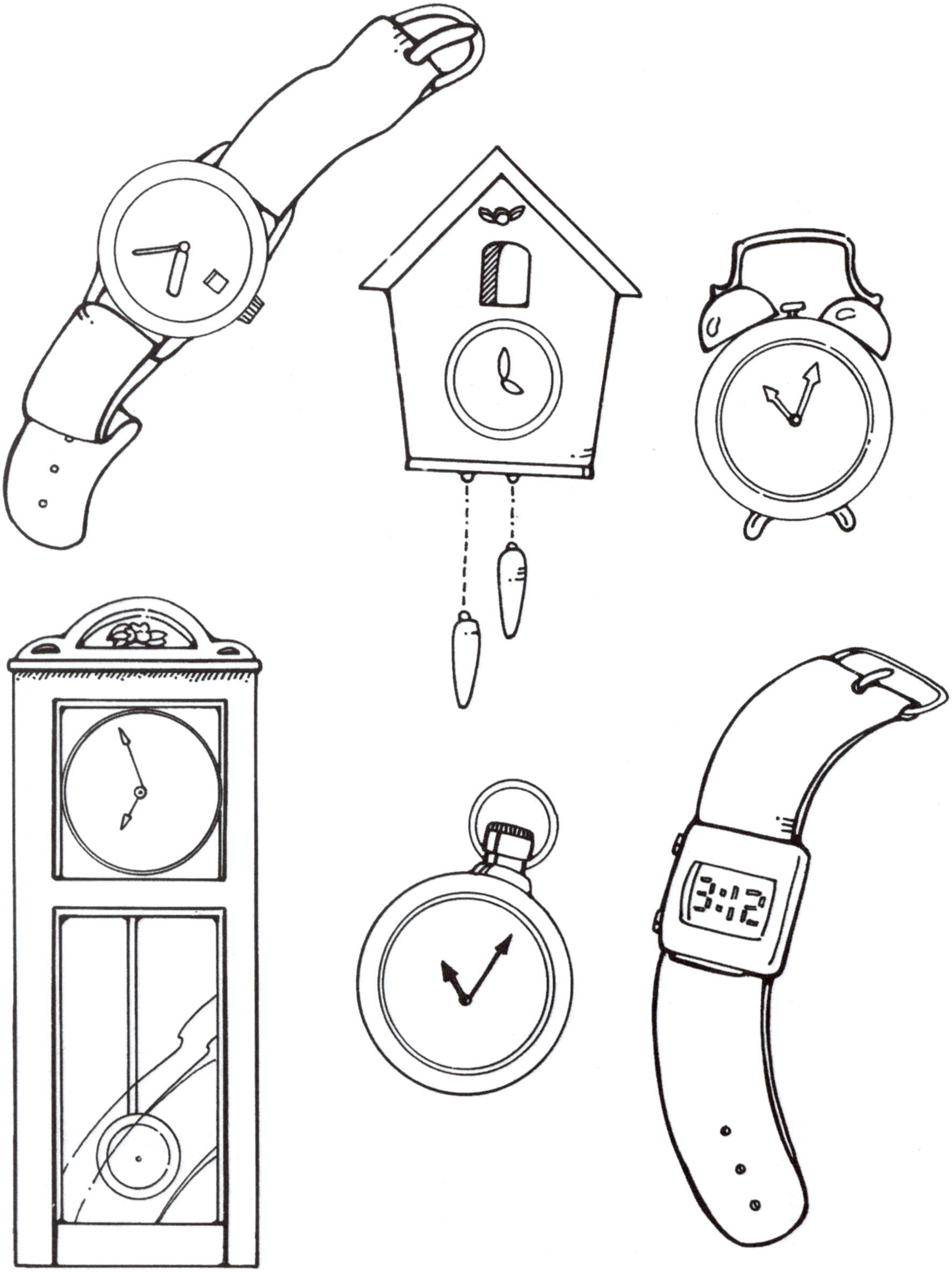

Hace uso de instrumentos que miden el paso del tiempo, tales como calendarios, relojes de arena, solares, digitales y análogos. A NA

Nociones temporales

Relaciona con una línea la actividad que haces en la mañana, en la tarde y en la noche con la palabra correspondiente. Colorea.

Noche

Mañana

Tarde

Percibe el paso del tiempo mediante eventos y procesos, con apoyo de la observación de cambios en la naturaleza, como el día y la noche, las estaciones del año, las temporadas de cosecha, el crecimiento de seres vivos o cualquier evento importante de la comunidad. A NA

Nociones temporales

Numera del 1 al 4 las acciones que realiza el niño durante el día.

Percibe el paso del tiempo mediante eventos y procesos, con apoyo de la observación de cambios en la naturaleza, como el día y la noche, las estaciones del año, las temporadas de cosecha, el crecimiento de seres vivos o cualquier evento importante de la comunidad. A NA

Calendario

Escribe los números que faltan en el calendario. Circula con **rojo** todos los lunes. ¿Qué fecha es hoy? Colorea de **azul** el recuadro del día 30.

Domingo	Lunes	Martes	Miércoles	Jueves	Viernes	Sábado
	1	___	3	4	___	___
7	___	9	10	___	___	13
___	15	16	___	___	19	___
___	22	___	___	25	26	___
___	29	30				

Hace uso de instrumentos que miden el paso del tiempo, tales como calendarios, relojes de arena, solares, digitales y análogos. A NA

Calendario

Escribe los números de los días de este mes en el calendario. Comienza por el primer día. Colorea.

____

Mes

Domingo	Lunes	Martes	Miércoles	Jueves	Viernes	Sábado
____	____	____	____	____	____	____
____	____	____	____	____	____	____
____	____	____	____	____	____	____
____	____	____	____	____	____	____
____	____	____	____	____	____	____

Hace uso de instrumentos que miden el paso del tiempo, tales como calendarios, relojes de arena, solares, digitales y análogos. A NA

Reloj

Dibuja las manecillas para decir a qué hora pasó lo que se muestra. Colorea. Y tú, ¿a qué hora te duermes?

7:00 a.m.

10:00 a.m.

3:00 p.m.

8:00 p.m.

Hace uso de instrumentos que miden el paso del tiempo, tales como calendarios, relojes de arena, solares, digitales y análogos. A NA

Registro de datos

Lupita le preguntó a sus compañeros cuál era su ave favorita.
El número dice cuántos niños escogieron esa ave. Colorea un cuadrito por cada uno, como en el ejemplo.

Ejemplo:

3

4

8

5

6

7

9

2

3

Elabora e interpreta registros para organizar objetos y elementos del entorno mediante dibujos, tablas, símbolos o pictogramas; los explica a otras personas en su lengua materna y con sus palabras. A NA

Registro de datos

Colorea un cuadrito por cada dibujo que veas arriba. Observa los ejemplos del pastel y el balón. Después escribe cuántos hay de cada uno.

											1

											2

Elabora e interpreta registros para organizar objetos y elementos del entorno mediante dibujos, tablas, símbolos o pictogramas; los explica a otras personas en su lengua materna y con sus palabras. A NA

Números ordinales

Colorea la figura que ocupa el lugar que indica cada número ordinal, como en el ejemplo.

Ejemplo:

4°

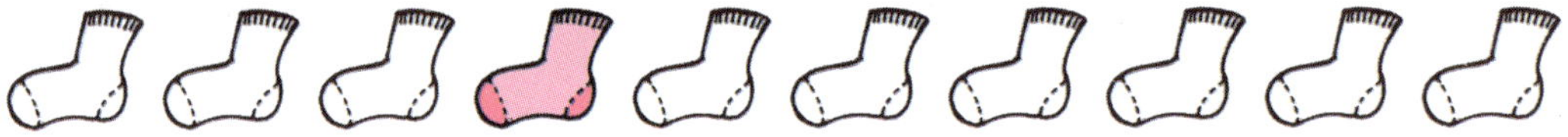

1°

8°

3°

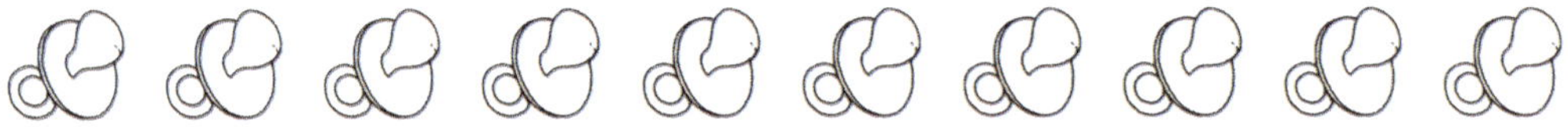

9°

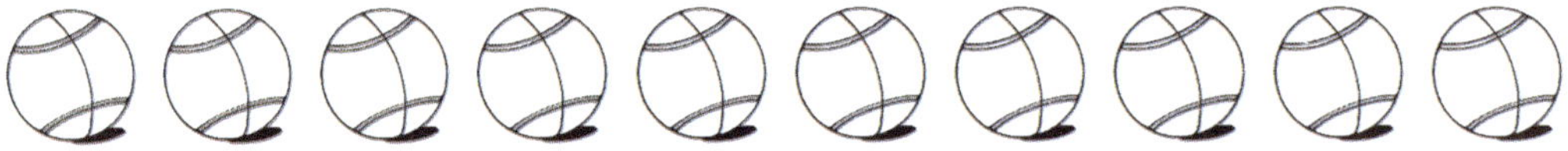

6°

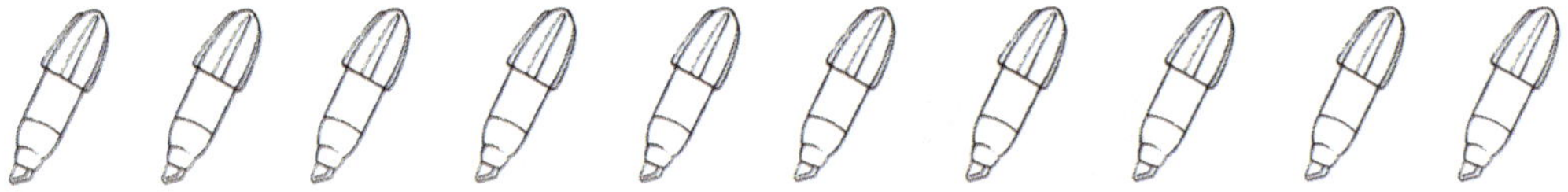

5°

2°

7°

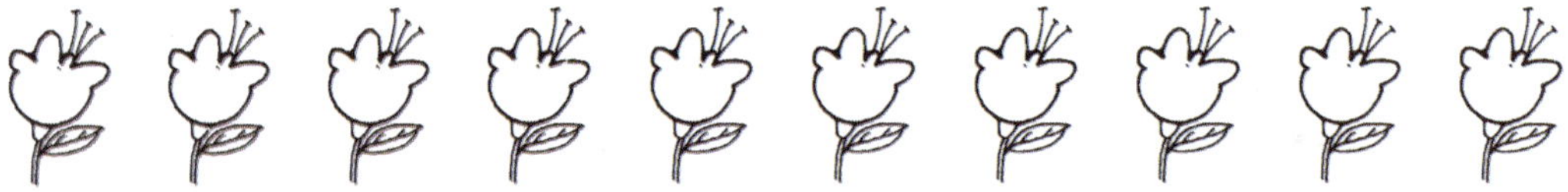

10°

Forme 10 niños y pídales que se cuenten para que cada uno ubique el lugar en el que se encuentra.

Ordena elementos de una serie y usa números ordinales para expresar el lugar que ocupa cada elemento. A NA

Números ordinales

Escribe los números ordinales que hagan falta.

1° ◯ ◯ 4° 5° ◯ 7° ◯

Une cada moto con el número ordinal que le corresponde.

3° 5° 1° 8° 2° 7° 4° 6°

Colorea los autobuses que están en 1°, 3°, 5° y 8° lugar.

Ordena elementos de una serie y usa números ordinales para expresar el lugar que ocupa cada elemento.

A NA

Sumas

Resuelve las sumas y colorea como se indica, según el resultado.
Explica cómo lo supiste.

4 5 6 7

8 9 10 20

Intercambia, con sus pares, saberes numéricos para plantear problemas y encontrar distintas estrategias para resolverlos de formas diversas y equitativas. A NA

Ubicación en el espacio

Propósitos

En esta sección, el alumno contará con los conocimientos y habilidades para percibir las propiedades geométricas de los cuerpos que se encuentran en su entorno, y para diferenciar líneas, superficies y figuras curvas y rectas. Descubrirá fondo y figura en imágenes, aunque sin emplear estos términos.

Reconocimiento de objetos comunes con formas similares

Reconoce monedas y billetes y los usa con la finalidad de resolver situaciones cotidianas que involucran acciones de comprar y vender.

Sugerencias didácticas para el docente

Superficies y cuerpos geométricos

Recorte figuras geométricas en papel de colores y póngalas en bolsas. Forme equipos y reparta a cada niño una bolsita con figuras y media cartulina blanca para que las peguen ahí como quieran, con base en un tema que deben acordar entre todos. En el caso de los cuerpos geométricos, que armen y desarmen cajas, jueguen con pelotas y con otros juguetes para describir sus características.

Líneas

En el pizarrón, dibuje líneas cerradas, curvas, rectas, inclinadas, horizontales o verticales. Ellos deben continuar con la composición, para crear un dibujo en el que todos hayan participado y en el que se usen todos los tipos de línea. Otra sugerencia es jugar con cuerdas y darles forma de líneas. También pueden identificar los diversos tipos de línea en revistas y libros, o usar una línea para dibujar. Por ejemplo: una línea curva puede ser una serpiente; una inclinada, la resbaladilla del parque de diversiones, etcétera.

Conteo de monedas

Aprenderán a identificar algunos billetes y monedas al jugar a la tiendita con el material de las pegatinas que se encuentra al final del libro.

Habilidades generales	Psicomotricidad gruesa y fina, clasificar, discriminar, percepción visual, comparar, calcular, conteo, ordenar, asociar, registrar, expresión oral, escucha y comprensión, entre otras.

Evaluación de procesos de desarrollo de aprendizaje

Contenido	Los saberes numéricos como herramienta para resolver situaciones del entorno, en diversos contextos socioculturales.							
Proceso de desarrollo de aprendizaje	Representa cantidades, con dibujos, símbolos personales y numerales e interpreta los registros de sus pares.							
Páginas	186 A NA	187 A NA						
¿Cómo puede mejorar?								

Contenido	El dominio del espacio y reconocimiento de formas en el entorno desde diversos puntos de observación y mediante desplazamientos o recorridos.							
Proceso de desarrollo de aprendizaje	Observa y reconoce atributos geométricos en objetos y elementos de su entorno, y los describe con sus palabras y con términos convencionales.							
Páginas	179 A NA	180 A NA	181 A NA	182 A NA	183 A NA	184 A NA	185 A NA	188 A NA
¿Cómo puede mejorar?								

Contenido	Clasificación y experimentación con objetos y elementos del entorno que reflejan la diversidad de la comunidad o región.							
Proceso de desarrollo de aprendizaje	Elabora e interpreta registros para organizar objetos y elementos del entorno mediante dibujos, tablas, símbolos o pictogramas; los explica a otras personas en su lengua materna y con sus palabras.							
Páginas	178 A NA							
¿Cómo puede mejorar?								

A = Adquirido NA = Necesita apoyo

Situación didáctica

Observa la ilustración. Cuenta los elementos y escribe cuántos hay de cada uno.

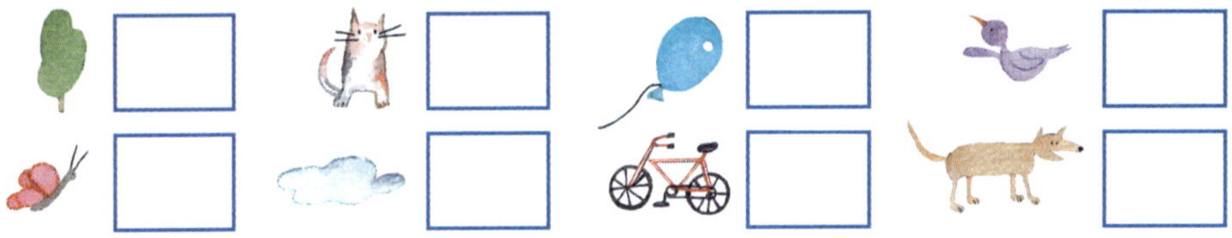

Ahora comenta con tus compañeros y profesor(a):

- ¿Qué nombre les pondrías a los niños?
- ¿Qué objetos ves con forma rectangular?
- ¿Hay triángulos? ¿Cuáles?
- ¿Reconoces alguna esfera? Señálala.
- Descubre dónde hay líneas rectas.
- ¿Dónde encontraste líneas curvas abiertas?
- ¿Y curvas cerradas?
- ¿Ves algún círculo? ¿Dónde?
- ¿Observas un cubo? ¿Dónde está?

Nota para el docente: Propicie que los alumnos utilicen el vocabulario geométrico.

Conversen sobre actividades recreativas. Aproveche las páginas 181, 184 y 188 para continuar con el tema.

Elabora e interpreta registros para organizar objetos y elementos del entorno mediante dibujos, tablas, símbolos o pictogramas; los explica a otras personas en su lengua materna y con sus palabras. A NA

Esfera

Colorea los dibujos que se parecen al modelo. Menciona otros ejemplos.

Modelo:

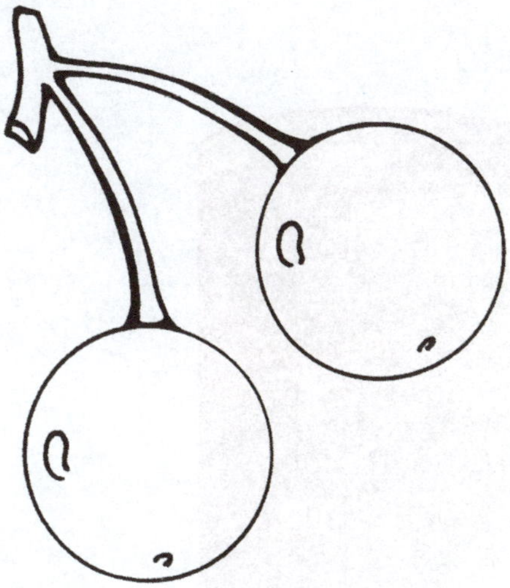

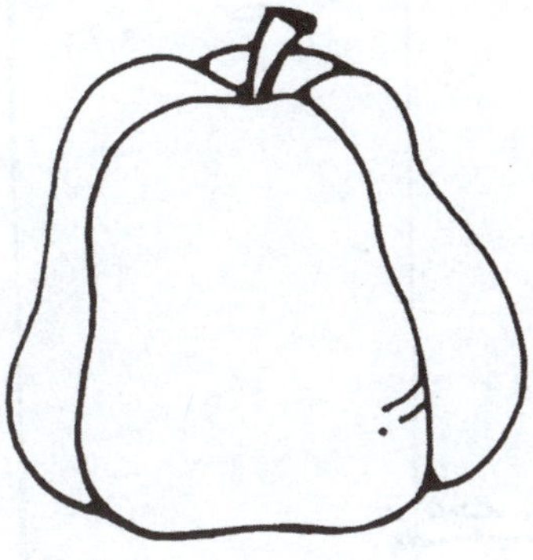

Observa y reconoce atributos geométricos en objetos y elementos de su entorno, y los describe con sus palabras y con términos convencionales. A NA

Cilindro

¿Cuáles dibujos se parecen al modelo? Coloréalos y menciona otro ejemplo.

Modelo:

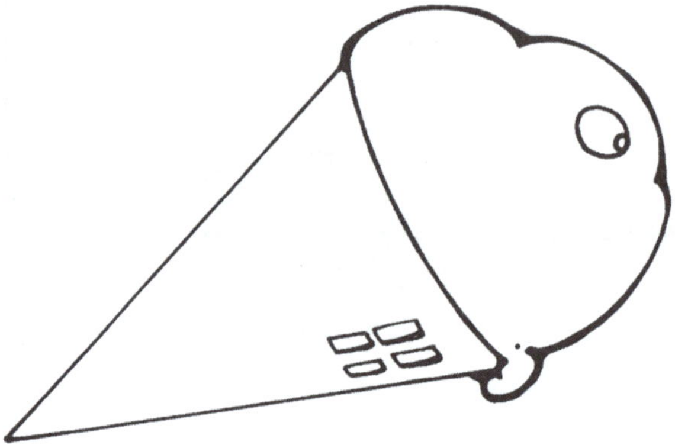

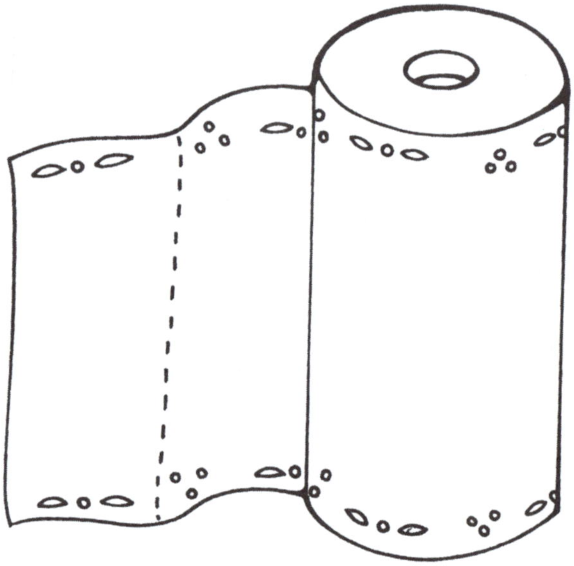

Observa y reconoce atributos geométricos en objetos y elementos de su entorno, y los describe con sus palabras y con términos convencionales. A NA

Cuerpos geométricos

Une los cuerpos geométricos iguales y di su nombre. Píntalos del mismo color.

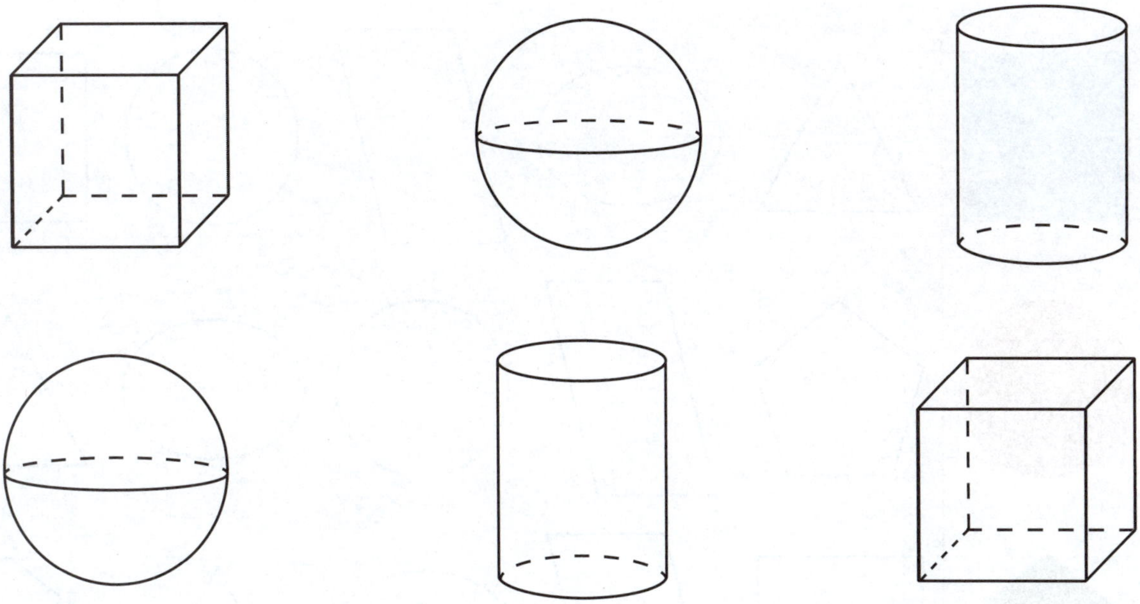

Relaciona con una línea los objetos con el cuerpo geométrico al que se parecen.

Observa y reconoce atributos geométricos en objetos y elementos de su entorno, y los describe con sus palabras y con términos convencionales. A NA

Superficies

Colorea la figura que es igual al modelo de la izquierda.

Modelos:

Observa y reconoce atributos geométricos en objetos y elementos de su entorno, y los describe con sus palabras y con términos convencionales. A NA

Superficies

Colorea las figuras según el modelo que les corresponde. ¿Recuerdas sus nombres? Dilos en voz alta.

Observa y reconoce atributos geométricos en objetos y elementos de su entorno, y los describe con sus palabras y con términos convencionales. A NA

Superficies

Colorea el paisaje según el color que indica cada figura. Comenta qué te gustó de esta actividad.

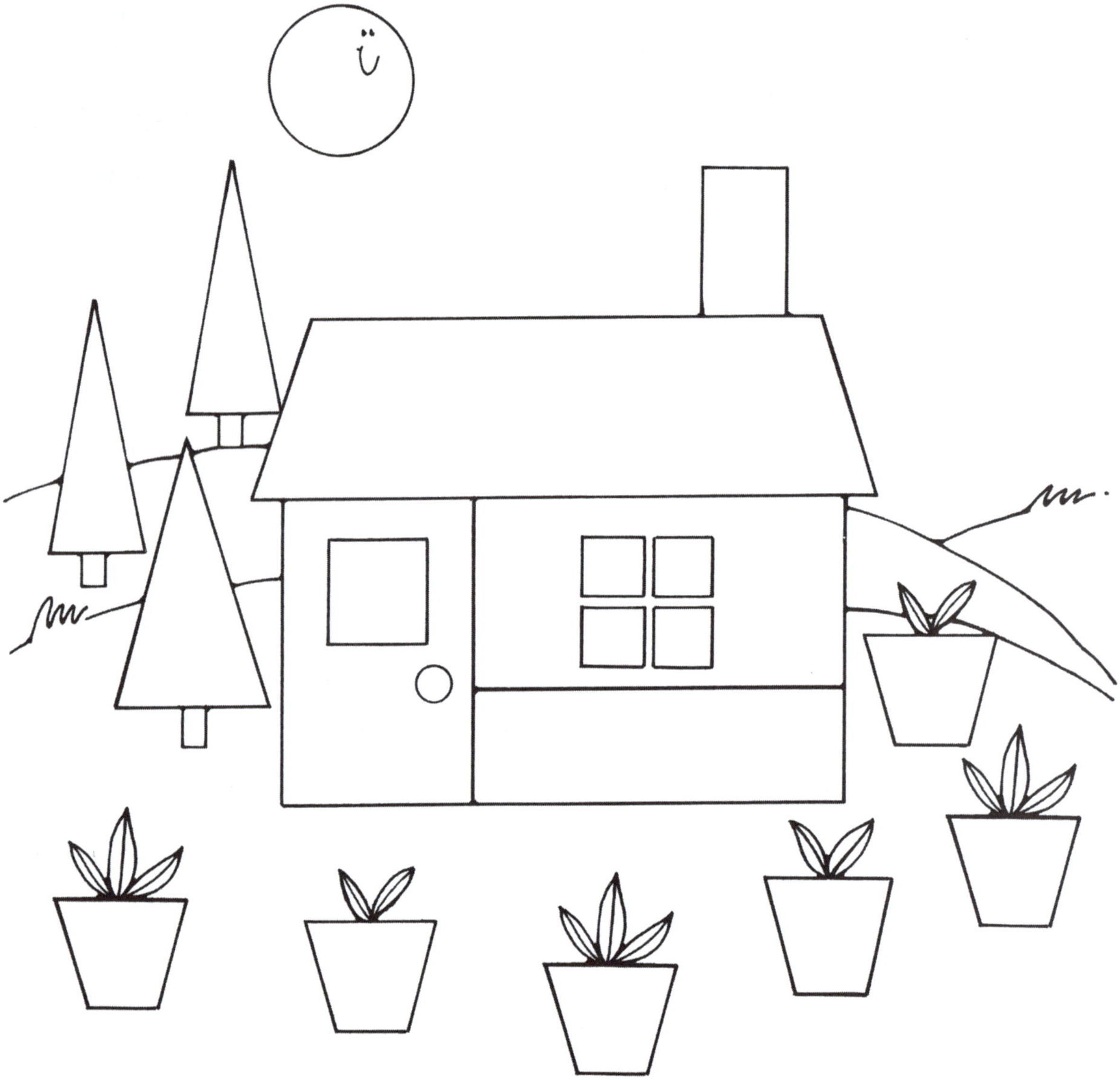

Observa y reconoce atributos geométricos en objetos y elementos de su entorno, y los describe con sus palabras y con términos convencionales. A NA

Líneas

Observa las líneas e imita su posición con tu cuerpo. Después, pega estambre en los cuadros o traza líneas en la posición que se indica.

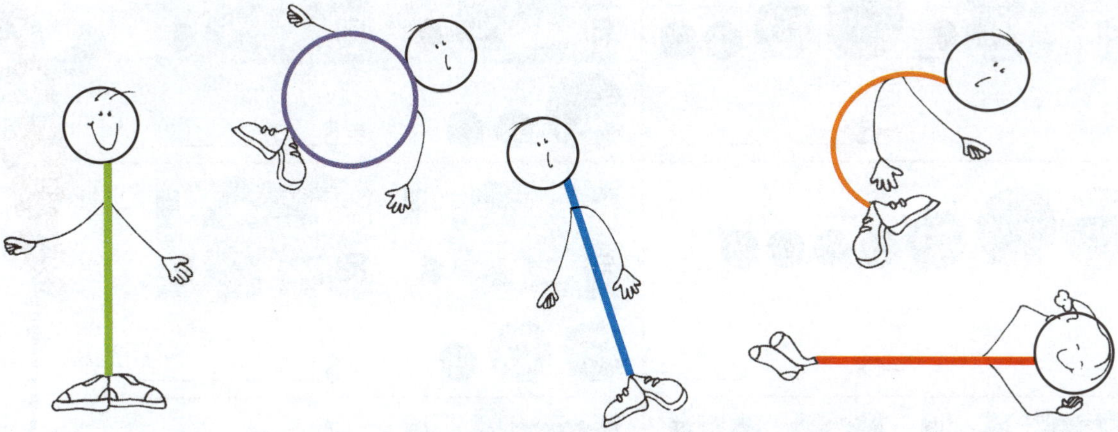

curva abierta

curva cerrada

inclinada

horizontal

vertical

Observa y reconoce atributos geométricos en objetos y elementos de su entorno, y los describe con sus palabras y con términos convencionales. A NA

Conteo

Cuenta las monedas y billetes que el payaso gana en cada función y escribe la cantidad que se forma.

=$______

=$______

=$______

=$______

=$______

=$______

Desprende las pegatinas y pega los billetes y las monedas para formar las siguientes cantidades.

$34	$43	$56

Representa cantidades, con dibujos, símbolos personales y numerales e interpreta los registros de sus pares. A NA

Conteo

Une la cantidad de monedas con la etiqueta correspondiente.

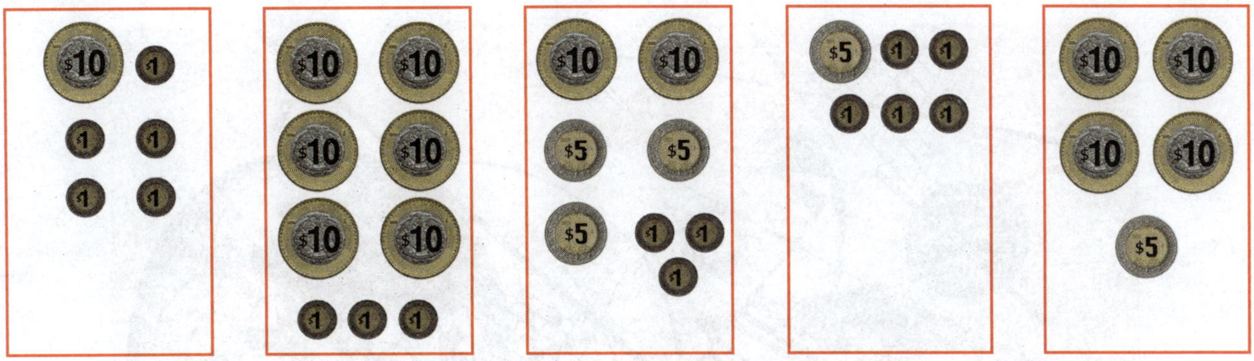

Representa cantidades, con dibujos, símbolos personales y numerales e interpreta los registros de sus pares. A NA

Líneas

Observa con cuidado la siguiente pintura y después remarca con color rojo las líneas rectas.

Wassily Kandinsky, *Líneas transversales*.

Remarca con color **azul** las líneas curvas cerradas y con color **verde** las líneas curvas abiertas.

Que realicen ejercicios similares con cuerdas o estambre.

Observa y reconoce atributos geométricos en objetos y elementos de su entorno, y los describe con sus palabras y con términos convencionales. A NA

Sección recortable

Para la pág. 166

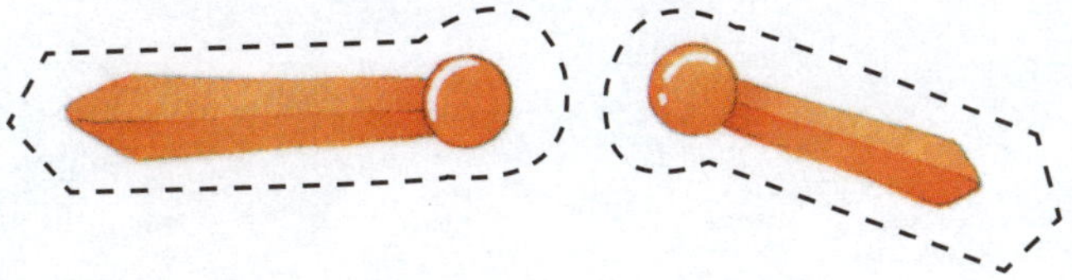

Para la pág. 78

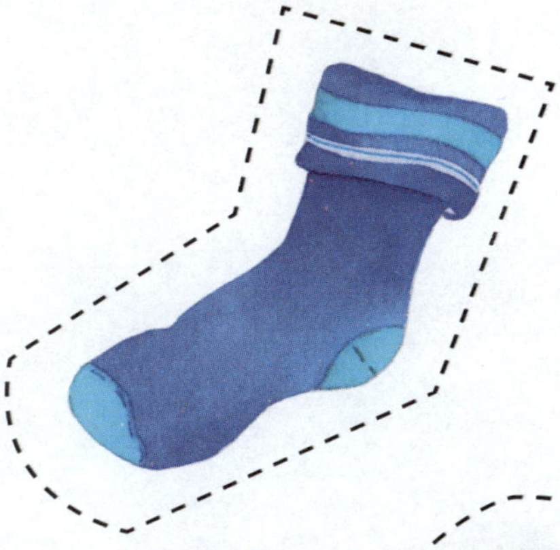

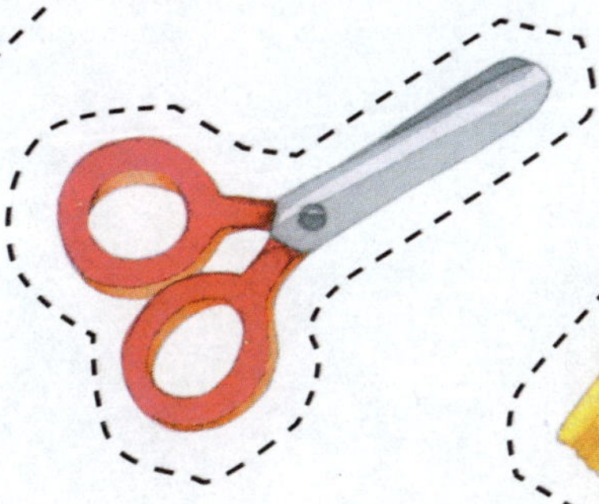

Para la pág. 53

Para la pág. 33

Para la pág. 27

Para la pág. 25

Para la pág. 24